高等院校计算机任务驱动教改教材

软件测试技术

（第2版）

谭 凤 宁 华 主 编

唐 滔 孔 玲 陈怡然 副主编

清华大学出版社

北京

内 容 简 介

本书结合当前主流的测试技术和测试工具,基于"项目引导、任务驱动"的项目化专题教学方式编写而成。本书主要内容包括软件测试基础、软件测试类型、软件测试过程、软件质量、白盒测试、黑合测试、软件测试流程、自动化测试、功能测试、性能测试、Web 测试、移动 APP 测试、嵌入式软件测试以及面向对象的软件测试等。测试技术相关章节结合具体的项目实践进行讲解,让读者在掌握理论基础的同时提升自动化测试的能力。

本书取材新颖、内容翔实、通俗易懂、技术实用、指导性强,较全面地覆盖了软件测试基本理论,并给出具体的项目实践案例,让读者更好地理解和掌握各种测试技术并有效地运用到实际工作中。

本书可作为本科和高职高专院校的计算机与软件工程等专业的教材,也可作为各大软件培训机构或企业软件测试人才的教材,同时也可供软件测试、软件质量保证及软件开发和软件项目管理从业人员参考。

图书在版编目(CIP)数据

软件测试技术/谭凤,宁华主编. —2 版. —北京:清华大学出版社,2020.4(2025.2重印)
高等院校计算机任务驱动教改教材
ISBN 978-7-302-55070-9

Ⅰ. ①软… Ⅱ. ①谭… ②宁… Ⅲ. ①软件－测试－高等学校－教材 Ⅳ. ①TP311.55

中国版本图书馆 CIP 数据核字(2020)第 039177 号

责任编辑:张龙卿
封面设计:范春燕
责任校对:刘　静
责任印制:丛怀宇

出版发行:清华大学出版社
　　　　网　　　址:https://www.tup.com.cn, https://www.wqxuetang.com
　　　　地　　　址:北京清华大学学研大厦 A 座　　　　　邮　　编:100084
　　　　社 总 机:010-83470000　　　　　　　　　　　　邮　　购:010-62786544
　　　　投稿与读者服务:010-62776969,c-service@tup.tsinghua.edu.cn
　　　　质量反馈:010-62772015,zhiliang@tup.tsinghua.edu.cn
　　　　课件下载:https://www.tup.com.cn,010-83470410
印 装 者:三河市君旺印务有限公司
经　　销:全国新华书店
开　　本:185mm×260mm　　印　　张:14　　字　　数:335 千字
版　　次:2017 年 8 月第 1 版　2020 年 5 月第 2 版　印　　次:2025 年 2 月第 6 次印刷
定　　价:47.00 元

产品编号:084170-01

前　言

随着计算机信息技术的蓬勃发展和国内外各大软件公司的技术交流，我国的 IT 行业开始向国际化、规范化迈进，软件结构趋向大型化、复杂化，因此，软件质量问题也成为所有软件使用者和开发者关注的焦点。软件测试作为软件质量保证和质量控制的有效手段，也受到了越来越多企业、用户及专家的关注。目前企业要求测试人员具有丰富的测试经验及较强的测试工具应用能力，不仅要精通各种软件技术和方法，还要有一定的软件工程实践经验。测试人员需要熟悉软件开发流程，具有快速学习专业知识和了解所测试领域的知识、掌握新技术和应用新工具的能力。

编者所在软件学院软件测试教研室由具备多年测试及教学工作经验的"双师"型教师队伍组成，他们具有丰富的测试教学经验和长期的项目测试实践能力。基于市场的现状，着眼于高等院校的需求，并结合当前教学实践、教学改革的探索和实践，软件测试人才培养方案以及最新的软件测试岗位需求，经过多次讨论、精心设计并修改后，形成了一本成熟并具有指导性的软件测试技术教材。

本书主要分为三篇，即软件测试理论、软件测试实施以及软件测试技术。全书覆盖了软件测试相关的基本理论、软件测试实施的具体流程、软件测试设计的具体方法以及最新的各种测试技术。测试技术相关的章节都会结合具体的项目实践，让读者根据理论进行实践操作。

本书具有以下特点。

（1）内容翔实，知识全面，体现"教、学、做"一体化的教学理念和实践特点。以测试相关理论为基础，结合具体项目测试实践，让学生在学会理论知识的同时掌握相应的测试技能。

（2）理论联系实践，指导性强，体现"项目引导、任务驱动"的教学特点。软件测试流程章节以实际项目为主线，介绍了工作中软件测试的具体实施过程，包括需求分析、计划编制、用例设计、缺陷跟踪管理以及测试总结分析，让学生具备工程实践的能力。

（3）取材新颖，技术实用，体现行业技术发展特点。本书结合最新的测试技术和测试方法，详尽地阐述了当前最新的测试技术。

（4）本书体例采用项目、任务形式，体现实用性和可操作性。全书大部分章节都会有具体的项目实践指导和明确的项目任务。教学内容安排由易到难、由简单到复杂，内容循序渐进，让学生始终保持较高的学习兴趣和动力。学生能够通过项目的学习,完成相关知识的学习和技能的训练。本书项目来自企业工程实践,具有典型性和实用性。

(5) 符合高校学生的认知规律,有助于实现有效教学,提高教学的效率、效益、效果。本书打破传统的学科体系结构,将各种知识点与操作实践进行难易层次的划分,培养学生完整的知识体系结构和项目实践动手能力,在教学过程中注意情感交流,因材施教,调动学生的学习积极性,提高教学效果。

(6) 注重提高学生职业素质的培养。本书在培养学生测试技能的同时,通过教学活动设计,注重工学结合和学生职业素养的提高,培养学生的团队合作能力、沟通能力、创新能力、自主学习和解决问题的能力等。

本书由谭凤、宁华为主编,唐滔、孔玲、陈怡然为副主编。其中,谭凤负责第三篇的编写;宁华、孔玲、唐滔和陈怡然负责第一、二篇的编写。本书提供了PPT课件、练习素材文件等教学资源,读者可以从清华大学出版社网站(http://www.tup.com.cn)免费下载。

本书作为校企合作编写的教材,特别感谢中冶赛迪信息技术有限公司和重庆数宜信信用管理有限公司,他们提供了最新的关于企业对测试人才的岗位需求和职业能力要求,罗怀淋、兰小青等同仁提供了教材编写过程中用到的项目数据和规范模板。

由于编者水平有限,书中难免存在不当和疏漏之处,敬请读者批评、指正。

编　者

2020 年 1 月

目 录

第一篇 软件测试理论

第二篇　软件测试实施

第三篇　软件测试技术

第 一 篇

软 件 测 试 理 论

第 1 章　软件测试基础

 本章目标

- 了解软件测试产生的背景。
- 掌握软件测试的定义。
- 熟悉软件测试的目的和原则。
- 了解软件测试的复杂性,并进行经济性分析。

软件测试是保证软件质量、提高软件可靠性的重要途径,软件测试的质量与测试人员的技能、经验以及对被测试软件的理解密切相关。随着时间的推移,软件测试的内涵在不断丰富,人们对软件测试的认识在不断深入。要完整理解软件测试,就要从不同角度去审视。

1.1　软件测试产生的背景

软件测试是伴随着软件的产生而产生的。在早期的软件开发过程中,软件规模较小,复杂程度低,软件开发的过程混乱无序且随意,此时软件测试的含义比较狭窄,开发人员将软件测试等同于“调试”,目的是纠正软件中已经知道的故障,常常由开发人员自己完成这部分的工作。对软件测试的投入极少,软件测试的介入也较晚,常常是等到形成代码且产品已经基本完成时才进行测试。

直到 1957 年,软件测试才开始与调试区别开来,作为一种发现软件缺陷的活动。由于一直存在着“为了让我们看到产品在工作,就得将测试工作往后推一点”的思想,人们潜意识里对测试的目的就理解为“使自己确信产品能工作”。当时也缺乏有效的测试方法,主要依靠“错误推测”(Error Guessing)来寻找软件中的缺陷。测试活动始终晚于开发活动,软件测试通常被作为软件生命周期中最后一项活动而进行。因此,大量软件交付后,仍存在很多问题,软件产品的质量无法保证。

20 世纪 70 年代,这个阶段开发的软件仍然不复杂,但人们已开始思考软件开发流程的问题,尽管对软件测试的真正含义还缺乏共识,但这一词条已经频繁出现,一些软件测试的探索者们建议在软件生命周期的开始阶段就应该根据需求制订测试计划,这时也涌现出一批软件测试的宗师,Bill Hetzel 博士和 Glenford J. Myers 就是其中的领导者。

20 世纪 80 年代初期,软件和 IT 行业进入大发展时期,软件趋向大型化、高复杂度化,软件的质量越来越重要。这个时候,一些软件测试的基础理论和实用技术开始形成,人们开始为软件开发设计各种流程和管理方法,软件开发的方式也逐渐由混乱无序的开发过程过渡到结构化的开发过程,以结构化分析与设计、结构化评审、结构化程序设计以及结构化测试为特征。人们还将"质量"的概念融入其中,软件测试定义发生了改变,测试再不单纯是一个发现错误的过程,而是将测试作为软件质量保证(SQA)的主要职能,包含软件质量评价的内容。此时软件开发人员和测试人员开始坐在一起探讨软件工程和测试问题。因此,软件测试有了行业标准(IEEE/ANSI),软件测试成为一个专业,需要运用专门的方法和手段,需要专门的人才和专家来承担。

在竞争激烈的今天,无论是软件的开发商还是软件的使用者,都生存在竞争环境中。软件开发商为了占有市场,必须把产品质量作为企业的重要目标之一,以免在竞争中被淘汰出局。质量不佳的软件产品不仅会使开发上的维护费用和用户的使用成本大幅增加,还可能产生其他问题,造成公司信誉下降。一些关键的应用领域如果质量有问题,还可能造成灾难性的后果。现在人们已经逐步认识到软件中存在的错误会导致软件开发在成本、进度和质量上的失控。由于软件是由人设计完成的,所以它不可能十全十美,虽然不可能完全杜绝软件中的错误,但是可以用软件测试等手段使程序中的错误数量尽可能少,密度尽可能小。

国际上,软件测试(软件质量控制)是一件非常重要的工程工作,测试也作为一个非常独立的职业而存在。在 IBM、Microsoft 等开发大型系统的软件公司中,很多重要项目的开发中的测试人员与软件开发人员的比例能够达到 1∶2 或 1∶4。在软件测试技术方面,自动化测试系统(ATS)正朝着通用化、标准化、网络化和智能化的方向迈进。20 世纪 90 年代中期以来,自动测试系统开发研制的指导思想发生了重大变化,以综合通用的 ATS 代替某一系列,采用共同的硬件及软件平台实现资源共享的思想受到高度重视。其主要思路是:采用共同的测试策略,从设计过程开始,通过"增值开发"的方式使后一阶段测试设备的研制能利用前一阶段的开发成果;TPS 要能够移植,软件模块可以重用;使用商业通用标准、成熟的仪器设备,缩短研发时间,降低开发成本并且易于升级和扩展。

国内软件测试的现状主要表现在如下几点。

(1) 软件测试的地位不高,在很多公司还是一种可有可无的技术,大多只停留在软件单元测试、集成测试和功能测试上。

(2) 软件测试标准化和规范化不够。

(3) 软件测试从业人员的数量同实际需求有不小的差距,国内软件企业中开发人员与测试人员数量一般为 5∶1,国外一般为 2∶1 或 1∶1,而最近有资料显示 Microsoft 已把此比例调整为 1∶2。

(4) 国内缺乏完全商业化的操作机构,一般只是政府部门的下属机构在做一些产品的验收测试工作,实质意义不大,软件测试产业化还有待开发和深掘。

因此,我国的软件测试行业较欧美国家的差距还比较大。通过研究发现,造成这种情况的原因主要有如下几点。

(1) 国内软件产业本身不强大,软件质量较低。

(2) 软件管理者与用户对软件质量的认识有待加强。

(3) 软件管理者对软件测试的认识和重视程度不够。

(4) 软件行业质量监督体系不够好。

（5）软件从业人员的素质不够高。

（6）软件测试行业处于起步阶段，经济效益短期内不明显。

1.2　软件测试的定义

1983 年 IEEE 提出的软件工程术语中给软件测试下的定义是："软件测试是使用人工或自动的手段来运行或测定某个软件系统的过程，其目的在于检验它是否满足规定的需求或弄清预期结果与实际结果之间的差别。"这个定义明确指出：软件测试的目的是为了检验软件系统是否满足需求；软件测试是贯穿于整个开发流程的。

其扩展定义：软件测试就是在软件投入运行前，对软件需求分析、设计规格说明和编码的最终复审，是软件质量保证的关键步骤。

软件测试是根据软件开发各阶段的规格说明和程序的内部结构而精心设计一批测试用例（包括输入数据与预期输出结果），并利用这些测试用例运行软件，以发现软件错误的过程。广义的软件测试是由确认、验证、测试 3 个方面组成。

（1）确认是指评估将要开发的软件产品是否准确无误，是否可行和有价值。确认意味着确保一个待开发软件是准确无误的，是对软件开发构想的检测；主要体现在计划阶段、需求分析阶段，也会出现在测试阶段。

（2）验证是指检测软件开发的每个阶段、每个步骤的结果是否准确无误，是否与软件开发各阶段的要求或期望的结果相一致。验证意味着确保软件会准确无误地实现软件的需求，开发过程是沿着正确的方向进行的，主要体现在设计阶段、编码阶段。

（3）测试是指它与狭隘的测试概念统一，主要体现在编码阶段和测试阶段。

确认、验证与测试是相辅相成的。确认产生验证和测试的标准，验证和测试帮助完成确认。

1.3　软件测试的目的

软件测试的目的是利用有限的资源找出对用户影响最深的缺陷（Bug）。不同的机构会有不同的测试目的；相同的机构也可能有不同的测试目的，可能是测试不同区域或是对同一区域的不同层次的测试。测试目的决定了如何去组织测试。如果测试的目的是为了尽可能多地找出错误，那么测试就应该直接针对软件比较复杂的部分或是以前出错比较多的位置。如果测试目的是为了给最终用户提供具有一定可信度的质量评价，那么测试就应该直接针对在实际应用中会经常用到的商业假设。

在谈到软件测试时，许多人都引用 Grenford J. Myers 在 *The Art of Software Testing* 一书中的观点。

（1）软件测试是为了发现错误而执行程序的过程。

（2）测试是为了证明程序有错，而不是证明程序无错误。

（3）一个好的测试用例在于它能发现至今未发现的错误。

（4）一个成功的测试是发现了至今未发现的错误的测试。

这种观点可以提醒人们测试要以查找错误为中心,而不是为了演示软件的正确功能。但是仅凭字面意思理解这一观点可能会产生误导,认为发现错误是软件测试的唯一目的,查找不出错误的测试就是没有价值的,事实并非如此。

首先,测试并不仅仅是为了要找出错误。通过分析错误产生的原因和错误的分布特征,可以帮助项目管理者发现当前所采用的软件过程的缺陷,以便改进。同时,这种分析也能帮助我们设计出有针对性的检测方法,从而改善测试的有效性。

其次,没有发现错误的测试也是有价值的,完整的测试是评定测试质量的一种方法。详细而严谨的可靠性增长模型可以证明这一点。例如,Bev Littlewood 发现一个经过测试而正常运行了若干小时的系统,有可能继续正常运行很多小时。

1.4 软件测试的原则

基于软件测试是为了寻找软件的错误与缺陷,评估与提高软件质量,我们提出如下测试原则。

1. 所有的软件测试都应追溯到用户需求

这是因为软件的目的是使用户完成预定的任务,并满足用户的需求,而软件测试所揭示的缺陷和错误使软件达不到用户的目标,满足不了用户需求。

2. 应当把"尽早地和不断地进行软件测试"作为软件测试者的座右铭

由于软件的复杂性和抽象性,在软件生命周期各个阶段都可能产生错误,所以不应把软件测试仅仅看作是软件开发的一个独立阶段的工作,而应当把它贯穿到软件开发的各个阶段,并且在软件开发的需求分析和设计阶段就进行测试工作,编写测试文档,这样才能在开发过程中尽早发现和预防错误,杜绝某些缺陷和隐患,从而提高软件质量。问题发现得越早,解决问题的代价就越小,这算是一条真理。发现软件错误的时间在整个软件过程阶段越靠后,修复它所消耗的资源就越大,如图 1-1 所示。

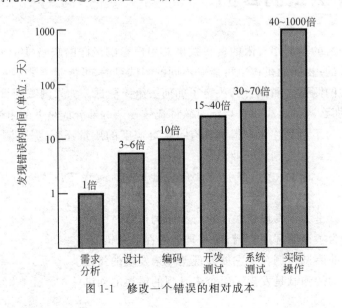

图 1-1　修改一个错误的相对成本

3. 完全测试是不可能的，测试需要终止

在测试中，由于输入量太大、输出结果太多，以及路径组合太多，想要进行完全的测试，在有限的时间和资源条件下几乎是不可能的。下面我们以大家所熟悉的计算器为例来说明，如图 1-2 所示。

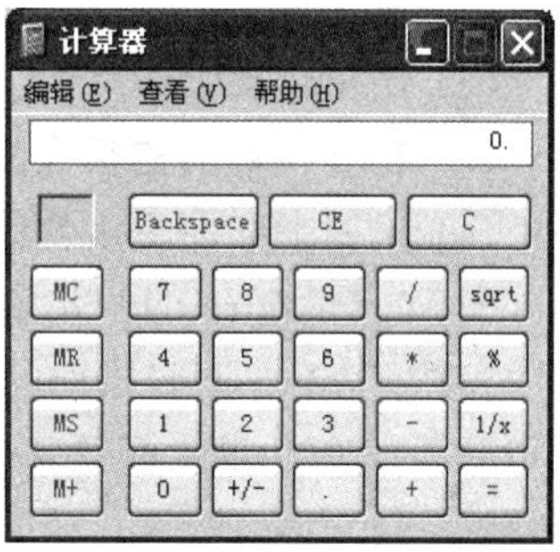

输入：1＋0、1＋1、…、1＋9…9，全部完成后继续操作 2＋1、2＋2、…、2＋9，全部整数完成，则开始测试小数 1.0＋1.1、1.0＋1.2…，一直持续下去。

在验证完整数相加、小数相加后，继续进行后面的减、乘、除运算。我们还需要测试一下可能的错误输入，比如 1＋"、2＋!、3＋@、#＋$……这些组合有千千万万种。

图 1-2　计算器

4. 测试无法显示软件潜在的缺陷

进行测试可以查找并报告所发现的软件缺陷和错误，但不能保证软件的缺陷和错误全部找到，继续进一步测试可能还会找到一些。也就是说，测试只能证明软件存在错误而不能证明软件没有错误。换句话说，彻底的测试是不可能的。

5. 充分注意测试汇总的群集现象

经验表明，测试后的程序中残存的错误数目与该程序中已发现的错误数目或检错率成正比。根据这个规律，我们要对错误群集的程序段进行重点测试，以提高测试投资的有效率。例如，在美国 IBM 公司的 OS/370 操作系统中，47％的错误仅与该系统的 4％的程序模块有关。

6. 程序员应避免检查自己的程序

从心理上来说，人们总不愿承认自己有错，而让程序员来揭示自己的错误也比较难，因此，为了达到测试目的，我们尽量让单独的测试部门来做。

7. 尽量避免测试的随意性

测试是一种有组织、有计划、有步骤的活动，不是随意的工作。

1.5　软件测试的复杂性与经济性分析

人们在对软件工程开发的常规认识中，认为开发程序是一个复杂而困难的过程，需要花费大量的人力、物力和时间，而测试一个程序则比较容易，不需要花费太多的精力。这其实是人们对软件工程开发过程理解上的一个误区。在实际的软件开发过程中，作为现代软件开发工业一个非常重要的组成部分，软件测试正扮演着越来越重要的角色。随着软件规模的不断扩大，如何在有限的条件下对被开发软件进行有效的测试正成为软件工程中一个非常关键的课题。

设计测试用例是一项细致并且需要具备高度技巧的工作，稍有不慎就会顾此失彼，发生不应有的疏漏。下面分析一下容易出现问题的根源。

1. 完全测试是不现实的

在实际的软件测试工作中，不论采用什么方法，由于软件测试工作量非常大，不可能进行完全彻底的测试。所谓彻底测试，就是让被测程序在一切可能的输入情况下全部执行一遍。通常也称这种测试为穷举测试。

穷举测试会出现如下几个问题。

（1）输入量太大。

（2）输出结果太多。

（3）软件执行的路径太多。

（4）说明书存在主观性。

E. W. Dijkstra 的一句名言对测试的不彻底性做了很好的注解："程序测试只能证明错误的存在，但不能证明错误的不存在。"由于穷举测试工作量太大，实际操作时行不通，这就注定了一切实际测试都是不彻底的，也就不能够保证被测试程序在理论上不存在遗留的错误。

2. 软件测试是有风险的

穷举测试的不可行性使得大多数软件在进行测试的时候只能采取非穷举测试，这又意味着一种冒险。比如，在使用 Microsoft Office 工具中的 Word 时，可以做这样的一个测试：①新建一个 Word 文档；②在文档中输入汉字"胡"；③设置其字体为"隶书"，字号为"初号"，效果为"空心"；④将页面的显示比例设为500％。这时在"胡"字的内部会出现"胡万进印"4 个字。类似问题在实际测试中如果不使用穷举测试是很难发现的，而如果在软件投入市场后才发现，则修复代价会非常高。这就会产生一个矛盾：软件测试员不能做到完全测试，不完全测试又不能证明软件百分之百可靠，那么如何在这两者的矛盾中找到一个相对的平衡点呢？

如图 1-3 所示，当软件缺陷降低到某一数值后，随着测试工作量的不断上升，软件缺陷并没有明显地下降。这是软件测试工作中需要注意的重要问题。如何把测试数据量巨大的软件测试减少到可以控制的范围，如何针对风险做出最明智的选择，是软件测试人员必须要把握的关键问题。

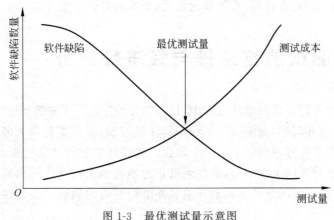

图 1-3　最优测试量示意图

最优测试量示意图说明了发现软件缺陷数量和测试量之间的关系，随着测试量的增加，测试成本将呈几何数级上升，而软件缺陷降低到某一数值之后将没有明显的变化，最优测量值就是这两条曲线的交点。

3. 杀虫剂现象

1990 年，Boris Beizer 在其编著的 *Software Testing Techniques*（*2nd Edition*）中提到了"杀虫剂怪事"一词，其代表的意思是同一种测试工具或方法用于测试同一类软件越多，则被测试软件对测试的免疫力就越强。这与农药杀虫是一样的道理，因为总是用一种农药，所以害虫就有了免疫力，农药就失去了作用。

由于软件开发人员在开发过程中可能会遇见各种各样的问题，再加上不可预见的突发性问题，所以即使优秀的软件测试员也不可能检测出软件中所有的缺陷。为了克服被测试软件的免疫力，软件测试员必须不断地编写新的测试程序，且对程序的各个部分进行不断地测试，以避免被测试软件对单一的测试程序具有免疫力而使软件缺陷不被发现。这就对软件测试人员的素质提出了很高的要求。

4. 缺陷的不确定性

在软件测试中还有一个让人不容易判断的现象是缺陷的不确定性，即并不是所有的软件缺陷都需要被修复。那么究竟什么才算是软件缺陷？这是一个很难把握的标准，在任何一本软件测试的书中都只能给出一个笼统的定义。在实际测试中，需要把这一定义根据具体的被测对象明确化。即使这样，具体的测试人员对软件系统的理解不同，还是会出现不同的标准。

软件测试的经济性具有如下两方面。

（1）体现在测试工作在整个项目开发过程中的重要地位。

（2）体现在应该按照什么样的原则进行测试，以实现测试成本与测试效果的统一。

1.6　本章小结

本章主要介绍了软件测试产生的背景，软件测试的定义、目的、原则，以及软件测试的复杂性与经济性分析。软件测试是伴随着软件的产生而产生的。早期的软件开发过程中，软件规模都很小，复杂程度低，软件开发的过程混乱无序且随意，测试的含义比较狭窄，开发人员将测试等同于"调试"，目的是纠正软件中已经知道的错误。软件测试就是为发现缺陷而运行程序的过程。广义的软件测试是由确认、验证、测试 3 个方面组成。软件测试的目的是为了尽早发现软件系统中的缺陷，对缺陷进行跟踪管理，确保每个被发现的缺陷都能够及时得到处理。

1.7　练习题

1. 判断题

（1）验证意味着确保软件准确无误地实现软件的需求，开发过程是沿着正确的方向进行。　　　　　　　　　　　　　　　　　　　　　　　　　　　　　　　（　　）

（2）调试的目的是发现缺陷。　　　　　　　　　　　　　　　　　　　　　（　　）

（3）软件缺陷主要来自产品说明书的编写和产品方案设计。　　　　　　　　（　　）

（4）在实际的软件测试工作中,不论采用什么方法,由于软件测试情况数量极其巨大,都不可能进行完全彻底的测试。   （   ）

（5）测试人员可以不懂编程。   （   ）

2. 选择题

（1）软件是程序和(   )的集合。

    A. 代码   B. 文档   C. 测试用例   D. 测试

（2）严重的软件缺陷的产生主要源自(   )。

    A. 需求   B. 设计   C. 编码   D. 测试

（3）Fixed 的意思是指(   )。

    A. 该 bug 没有被修复,并且得到了测试人员的确认

    B. 该 bug 被拒绝了,并且得到了测试人员的确认

    C. 该 bug 被修复了,并且得到了测试人员的确认

    D. 该 bug 被关闭了,并且得到了测试人员的确认

（4）降低缺陷费用最有效的方法是(   )。

    A. 测试尽可能全面   B. 尽可能早地开始测试

    C. 测试尽可能深入   D. 让用户进行测试

（5）以下不属于应用系统中的缺陷类型的是(   )。

    A. 不恰当的需求解释   B. 用户指定的错误需求

    C. 设计人员的习惯不好   D. 不正确的程序规格说明

3. 简答题

（1）请简述软件缺陷包含了哪些内容。

（2）请简述软件测试的定义。

第 2 章 软件测试类型

 本章目标

- 掌握软件测试的基本分类。
- 熟悉常见的软件测试类型。
- 掌握 V 模型和 W 模型。
- 熟悉其他测试过程模型。

软件测试应贯穿于软件的整个生命周期中。在整个软件生命周期中,各个阶段有不同的测试对象,形成了不同开发阶段的不同类型测试。需求分析、概要设计、详细设计以及程序编码等各阶段所得到的文档,包括需求规格说明、概要设计说明、详细设计说明、程序、用户文档都是软件测试的对象。为了更好地解决软件问题,软件界做出了各种各样的努力,但是对软件质量来说其作用都不大,直到受到其他行业项目工程化的启发,软件工程学出现了,软件开发被视为一项工程,以工程化的方法来进行规划和管理软件的开发。事实上,对于软件来讲,不论采用什么技术和什么方法,软件中仍然会有错。采用新的语言、先进的开发方式、完善的开发过程,可以减少错误的引入,但是不可能完全杜绝软件中的错误,这些引入的错误需要测试来找出,软件中的错误密度也需要测试来进行估计。测试是所有工程学科的基本组成单元,是软件开发的重要部分。自有程序设计的那天起,测试就一直伴随着。统计表明,在典型的软件开发项目中,软件测试工作量往往占软件开发总工作量的 40% 以上。而在软件开发的总成本中,用在测试上的开销要占 30%～50%。如果把维护阶段也考虑在内,讨论整个软件生存期时,测试的成本比例也许会有所降低,但实际上维护工作相当于二次开发,或者多次开发,其中必定还包含许多测试工作。因此,测试对于软件开发是十分重要的,动手测试软件前应该思考以下问题:测试什么内容? 采用什么方法? 如何安排测试?

2.1 软件测试分类

软件测试的方法和技术是多种多样的。对于软件测试技术,可以从不同的角度加以分类。

1. 从需求角度
从是否需要执行被测软件的角度,可分为静态测试和动态测试。

顾名思义,静态测试就是通过对被测程序的静态审查,发现代码中潜在的错误。这一般用人工方式脱机完成,故又称人工测试或代码评审(Code Review);也可借助于静态分析器在机器上以自动方式进行检查,但不要求程序本身在机器上运行。按照评审的不同组织形式,代码评审又可分为代码会审、走查、办公桌检查、同行评分 4 种。对某个具体的程序,通常只使用一种评审方式。

动态测试是通常意义上的测试,即使用和运行被测软件。动态测试的对象必须是能够由计算机真正运行的被测试的程序,它包含黑盒测试和白盒测试。

2. 从针对的对象角度

从测试是否针对系统的内部结构和具体实现算法的角度来看,可分为白盒测试和黑盒测试。

黑盒测试又称为功能测试或数据驱动测试,它是在已知产品所应具有的功能的基础上,通过测试来检测每个功能是否都能正常使用。在测试时,把程序看作一个不能打开的黑盒子,在完全不考虑程序内部结构和内部特性的情况下,测试者在程序接口上进行测试,它只检查程序功能是否按照需求规格说明书的规定正常使用,程序是否能适当地接收输入数据而产生正确的输出信息,并且保持外部信息(如数据库或文件)的完整性。黑盒测试的方法有等价类划分、边值分析、因果图、错误推测等,主要用于软件确认测试。

白盒测试又称为结构测试或逻辑驱动测试,它是知道产品内部工作过程,可通过测试来检测产品内部动作是否按照规格说明书的规定正常进行。按照程序内部的结构测试程序,检验程序中的每条通路是否都能按预定要求正确工作,而不考虑它的功能。白盒测试的方法有逻辑驱动、基路测试等,主要用于软件验证。

3. 从策试策略和过程的角度

按测试策略和过程分类,可分为单元测试、集成测试、系统测试和验收测试。

(1)单元测试。单元测试又称为模块测试,是针对软件设计的最小单位——程序模块进行正确性检验的测试工作,其目的在于检查每个程序单元能否正确实现详细设计说明中的模块功能、性能、接口和设计约束等要求,发现各模块内部可能存在的各种错误。

(2)集成测试。集成测试又称为组装测试,通常是在单元测试的基础上将所有的程序模块进行有序的、递增的测试。它分成一次性集成和增值式集成,增值式集成又分成自顶向下的增值方式和自底向上的增值方式。

(3)系统测试。将软件作为基于计算机系统的一个元素,与计算机硬件、外设、某些支持软件、数据和人员等其他系统元素结合在一起,在实际运行(使用)环境下,对计算机系统进行一系列的组装测试和确认测试。

(4)验收测试。在通过了系统的有效性测试及软件配置审查之后,就开始系统的验收测试。它是以用户为主的测试,软件开发人员和 QA 人员应参与。在测试过程中,除了考虑软件的功能和性能之外,还应对软件的可移植性、兼容性、可维护性、错误的恢复功能等进行确认。

4. 从实施组织角度

按照实施组织划分,可分为开发方测试(Alpha 测试)、用户测试(Beta 测试)、第三方测试。

(1)开发方测试(Alpha 测试)。企业内部通过检测和提供客观证据,证实软件的实现是否满足规定的需求。

（2）用户测试（Beta 测试）。主要是把软件产品有计划地免费分发到目标市场,让用户大量使用,并评价、检查软件。

（3）第三方测试。第三方测试也称为独立测试,它介于软件开发方和用户方之间的测试组织的测试。

2.2　常见的软件测试类型

1. 冒烟测试

冒烟测试是一个初始的快速测试工作,以决定软件或者新发布的版本测试是否可以执行下一步的“正规”测试。如果软件或者新发布的版本每 5 分钟会让系统产生冲突,使系统陷入泥潭,说明该软件不够“健全”,目前不具备进一步测试的条件。

2. 回归测试

回归测试是软件或环境的修复或更正后的“再测试”,自动测试工具对这类测试尤其有用。

3. 性能测试

性能测试是测试软件的运行性能。这种测试常与压力测试结合进行,如传输连接的最长时限、传输的错误率、计算的精度、记录的精度、响应的时限和恢复时限等。

4. 负载测试

负载测试是模拟实际软件系统所承受的负载条件的系统负荷,通过不断加载(如逐渐增加模拟用户的数量)或其他加载方式来观察不同负载下系统的响应时间和数据吞吐量、系统占用的资源(如 CPU、内存)等,以检验系统的行为和特性,以发现系统可能存在的性能瓶颈、内存泄漏、不能实时同步等问题。负载测试更多地体现了一种方法或一种技术。

5. 压力测试

压力测试是在强负载(大数据量、大量并发用户等)下的测试,查看应用系统在峰值使用情况下的操作行为,从而有效地发现系统的某项功能隐患、系统是否具有良好的容错能力和可恢复能力。压力测试分为高负载下的长时间(如 24 小时以上)的稳定性压力测试和极限负载情况下导致系统崩溃的破坏性压力测试。

6. 可用性测试

可用性测试是测试用户是否能够满意使用的测试。具体体现为操作是否方便、用户界面是否友好等。

7. 安装/卸载测试

安装/卸载测试是对软件的全部、部分、升级安装或者卸载处理过程的测试。

8. 接受测试

接受测试是基于客户或最终用户的需求的最终测试;或基于用户一段时间的使用后,看软件是否满足客户要求。

9. 恢复测试

恢复测试是采用人工的干扰使软件出错,比如中断使用,从而检测系统的恢复能力。

10. 安全测试

安全测试是验证安装在系统内的保护功能确实能够对系统进行保护,使之不受各种干扰。

11. 兼容测试

兼容测试是测试软件在多个硬件、软件、操作系统、网络等环境下是否能正确运行。

12. Alpha 测试

Alpha 测试是在公司内部系统开发接近完成时对软件的测试,测试后仍然会有少量的设计变更。Alpha 测试时,开发者坐在用户旁边,随时记录用户发现的问题。

13. Beta 测试

Beta 测试是当开发工作彻底完成时所做的测试,而最终的错误和问题需要在最终发行前找到。Beta 测试时开发者不在测试现场,所以通常是在开发者无法控制的环境下进行的测试,一般是由软件开发者向用户散发 Beta 版软件,然后收集用户的意见。

2.3　软件测试过程模型

软件开发的几十年中产生了很多的优秀模型,比如瀑布模型、螺旋模型、增量模型、迭代模型等,那么软件测试又有哪些模型可以指导我们进行工作呢？下面介绍把一些主要的模型。

1. V 模型

V 模型是最具有代表意义的测试模型。它是软件开发瀑布模型的变种,反映了测试活动与分析和设计的关系。如图 2-1 所示,从左到右,描述了基本的开发过程和测试行为,非常明确地标明了测试过程中存在的不同级别,并且清楚地描述了这些测试阶段和开发过程期间各阶段的对应关系。左边依次下降的是开发过程各阶段,与此相对应的是右边依次上升的阶段,即各测试过程的各个阶段。

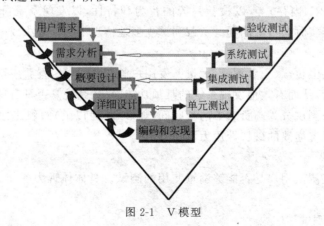

图 2-1　V 模型

V 模型相关的问题：

(1) 测试是开发之后的一个阶段。

(2) 测试的对象就是程序本身。

(3) 在实际应用中容易导致需求阶段的错误,一直到最后系统测试阶段才被发现。

(4) 整个软件产品的过程质量保证完全依赖于开发人员的能力和对工作的责任心,而且上一步的结果必须是充分和正确的。如果任何一个环节出了问题,则必将严重地影响整个工程的质量和预期进度。

2. W 模型

W 模型由 Evolutif 公司提出。相对于 V 模型,W 模型增加了软件各开发阶段中应同步进行的验证和确认活动。如图 2-2 所示,W 模型由两个 V 字形模型组成,分别代表测试与开发过程,图中明确表示出了测试与开发的并行关系。W 模型强调:测试伴随着整个软件开发周期,而且测试的对象不仅仅是程序,需求、设计等同样要测试。也就是说,测试与开发是同步进行的。W 模型有利于尽早、全面地发现问题。例如,需求分析完成后,测试人员就应该参与到对需求的验证和确认活动中,以尽早地找出缺陷所在。同时,对需求的测试也有利于及时了解项目难度和测试风险,及早地制定应对措施,这将会显著地减少总体测试时间,加快项目进度。但 W 模型也存在局限性,需求、设计、编码等活动被视为是串行的,同时,测试和开发活动也保持着一种线性的前后关系,上一阶段完全结束,才可正式开始下一个阶段工作。这样就无法支持迭代的开发模型。对于当前软件开发复杂多变的情况,W 模型并不能解除测试管理面临的困惑。

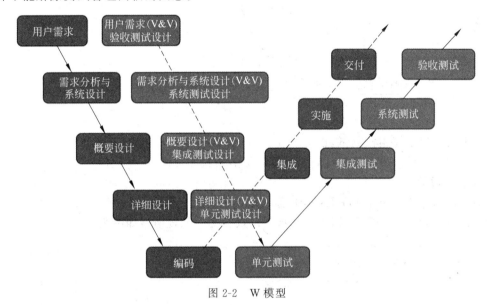

图 2-2　W 模型

3. H 模型

如图 2-3 所示的 H 模型中,软件测试的过程活动完全独立,形成了一个完全独立的流程,贯穿于整个产品的周期,与其他流程并发进行,某个测试点准备就绪后就可以从测试准

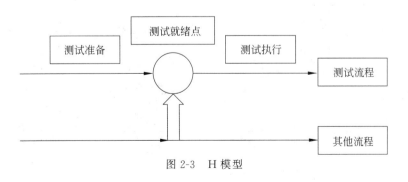

图 2-3　H 模型

备阶段进行到测试执行阶段。软件测试可以根据被测产品的不同分层进行。

4. X模型

如图 2-4 所示的 X 模型,左边描述的是针对单独程序片段所进行的相互分离的编码和测试,此后进行频繁的交接,通过集成最终合成为可执行的程序,并在图的右上方得以体现。这些可执行程序还需要进行测试,已通过集成测试的成品可以进行封装并提交给用户,也可以作为更大规模和范围内集成的一部分。

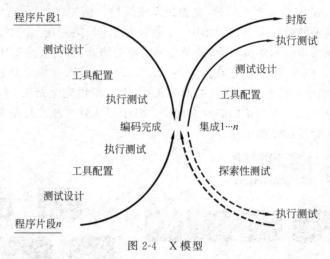

图 2-4　X模型

右下角提出了探索性测试,这是不进行事先计划的特殊类型的测试。这一方式往往能帮助有经验的测试人员在测试计划之外发现更多的软件错误。

5. 前置模型

前置模型是由 Robin FGoldsmith 等人提出的,是一个将测试和开发紧密结合的模型,该模型提供了轻松的方式,可以使你的项目加快速度。前置模型如图 2-5 所示。

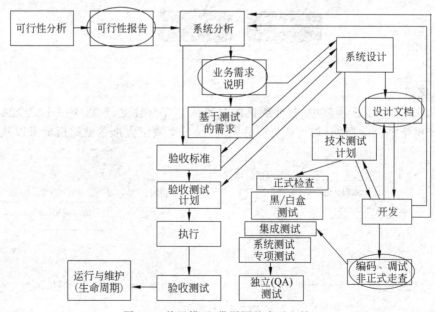

图 2-5　前置模型(带圆圈的表示文档)

前置模型的特点如下。

（1）开发和测试相结合。

（2）对每一个交付内容进行测试。

（3）在设计阶段进行测试计划和测试设计。

（4）测试和开发结合在一起。

（5）让验收测试和技术测试保持相互独立。

在实际的工作中,灵活运用各种模型的优点,在 W 模型框架下,运用 H 模型的思想进行独立的测试,并同时将测试和开发紧密结合,寻找恰当的就绪点开始测试并反复迭代测试,最终保证按期完成预定目标。

2.4　本章小结

本章主要介绍了软件测试的基本分类、一些常见的软件测试类型以及软件测试过程模型。基本的软件测试类型包括黑盒测试、白盒测试、静态测试、动态测试、单元测试、系统测试等。不是所有的软件都要进行任何类型的软件测试的,可以根据产品的具体情况进行组装测试不同的类型。软件测试过程模型将测试活动进行了抽象,明确了测试与开发之间的关系,是测试管理的重要参考依据。常见的测试模型有 V 模型、W 模型、H 模型、X 模型和前置模型。

2.5　练习题

1. 判断题

（1）软件测试的目的是尽可能多地找出软件的缺陷。　　　　　　　　　　（　　）

（2）好的测试方案极有可能发现迄今为止尚未发现的错误。　　　　　　　（　　）

（3）测试人员要坚持原则,缺陷未修复完坚决不予通过。　　　　　　　　（　　）

（4）负载测试是验证要检验的系统的能力最高能达到什么程度。　　　　　（　　）

（5）V 模型不能适应较大的需求变化。　　　　　　　　　　　　　　　　（　　）

2. 选择题

（1）测试环境中不包括的内容是（　　　　）。

　　A. 测试所需文档资料　　　　　　　　　　B. 测试所需硬件环境

　　C. 测试所需软件环境　　　　　　　　　　D. 测试所需网络环境

（2）某软件公司在招聘软件测试工程师时,应聘者甲向公司作了如下保证。

① 经过自己测试的软件今后不会再出现问题。

② 在工作中对所有的程序员一视同仁,不会因为某个程序员编写的程序发现的问题多,就重点审查该程序员的程序,以免不利于团结。

③ 承诺不需要其他人员,自己就可以独立进行测试工作。

④ 发扬咬定青山不放松的精神,不把所有问题都找出来,绝不罢休。

请大家根据自己所学的软件测试知识,应聘者甲的保证中正确的是(   )。

    A. ①④是正确的   B. ②是正确的

    C. 都是正确的   D. 都是错误的

(3) 用不同的方法可将软件测试分为白盒测试和黑盒测试,或者(   )和静态测试。

    A. 白盒测试   B. 黑盒测试   C. 动态测试   D. 灰盒测试

(4) 软件测试中白盒测试是通过分析程序的(   )来设计测试用例的。

    A. 应用范围   B. 内部逻辑   C. 功能   D. 输入数据

(5) 下列关于白盒测试与黑盒测试的说法中错误的是(   )。

    A. 用白盒测试来验证单元的基本功能时,经常要用黑盒测试的思考方法来设计测试用例

    B. 仅仅通过白盒测试或仅仅通过黑盒测试都不能全面系统地测试一个软件

    C. 白盒测试适用于软件测试的各个阶段

    D. 在黑盒测试中使用白盒测试的手段,常被称为灰盒测试

3. 简答题

(1) 简述 V 模型的优缺点。

(2) 什么是回归测试?

第 3 章 软件测试过程

 本章目标

- 熟悉软件测试的过程。
- 熟悉单元测试、集成测试。
- 掌握系统测试、验收测试。

软件测试过程按各测试阶段的先后顺序,可分为单元测试、集成测试、确认测试、系统测试和验收测试 5 个阶段。

(1)单元测试:测试执行的开始阶段。测试对象是每个单元。测试目的是保证每个模块或组件能正常工作。单元测试主要采用白盒测试方法,检测程序的内部结构。

(2)集成测试:又称为组装测试。在单元测试基础上,对已测试过的模块进行组装,进行集成测试。测试目的是检验与接口有关的模块之间的问题。集成测试主要采用黑盒测试方法。

(3)确认测试:又称为有效性测试。在完成集成测试后,验证软件的功能和性能及其他特性是否符合用户要求。测试目的是保证系统能够按照用户预定的要求工作。确认测试通常采用黑盒测试方法。

(4)系统测试:在完成确认测试后,为了检验它能否与实际环境(如软硬件平台、数据和人员等)协调工作,还需要进行系统测试。可以说,系统测试之后,软件产品基本满足开发要求。

(5)验收测试:这是测试过程的最后一个阶段。验收测试主要突出用户的作用,同时软件开发人员也应该参与进去。

在不同的阶段,测试的方法及内容都不同。软件测试过程如图 3-1 所示。

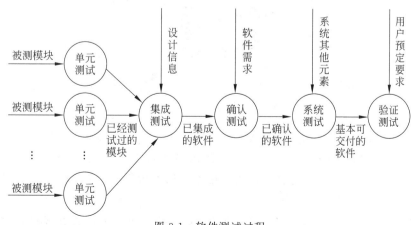

图 3-1 软件测试过程

3.1　单元测试

程序员编写代码时一定会反复调试,保证其能够顺利编译通过。如果是没有通过编译的代码,没有人会愿意交付给自己的老板。但代码通过编译,只是说明了它的语法正确,程序员却无法保证它的语义也一定正确。没有人可以轻易承诺某一段代码的语义一定是正确的。单元测试这时会为此做出保证,单元测试就是用来验证这段代码的行为是否与软件开发人员期望的一致。有了单元测试,程序员可以自信地交付自己的代码,而没有任何的后顾之忧。

3.1.1　单元测试的定义

单元测试(Unit Testing)是对软件基本组成单元进行的测试。单元测试的对象是软件设计的最小单位——模块。很多人将单元的概念误解为一个具体函数或一个类的方法,这种理解并不准确。作为一个最小的单元,应该有明确的功能定义、性能定义和接口定义,而且可以清晰地与其他单元区分开来。一个菜单、一个显示界面或者能够独立完成的具体功能都可以是一个单元。从某种意义上讲,单元的概念已经扩展为组件。

单元测试的主要目标是确保各单元模块被正确地编码。单元测试除了保证测试代码的功能性,还需要保证代码在结构上具有可靠性和健全性,并且能够在所有条件下正确响应。进行全面的单元测试,可以减少应用级别所需的工作量,并且彻底减少系统产生错误的可能性。如果手动执行,单元测试可能需要大量的工作,自动化测试会提高测试效率。

3.1.2　单元测试的内容

单元测试的主要内容有模块接口测试、局部数据结构测试、独立路径测试、错误处理测试、边界条件测试,如图 3-2 所示。这些测试都作用于模块,共同完成单元测试任务。

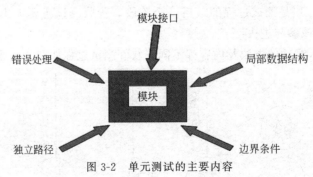

图 3-2　单元测试的主要内容

(1)模块接口测试:对通过被测模块的数据流进行测试。为此,对模块接口,包括参数表、调用子模块的参数、全程数据、文件输入/输出操作都必须检查。

(2)局部数据结构测试:设计测试用例检查数据类型说明、初始化、默认值等方面的问题,还要查清全程数据对模块的影响。

(3)独立路径测试:选择适当的测试用例,对模块中重要的执行路径进行测试。基本路径测试和循环测试可以发现大量的路径错误,是最常用且最有效的测试技术。

(4)错误处理测试:检查模块的错误处理功能是否包含有错误或缺陷。例如,是否拒绝不合理的输入,出错的描述是否难以理解,是否对错误定位有误,是否出错原因报告有误,是否对错误条件的处理不正确,在对错误处理之前错误条件是否已经引起系统的干预等。

(5)边界条件测试:要特别注意数据流、控制流中刚好等于、大于或小于确定的比较值时出错的可能性。对这些地方要仔细地选择测试用例,认真加以测试。此外,如果对模块运行时间有要求,还要专门进行关键路径测试,以确定最坏情况下和平均意义下影响模块运行时间的因素。这类信息对进行性能评价是十分有用的。

通常单元测试在编码阶段进行。当源程序代码编制完成,经过评审和验证,确认没有语法错误之后,就开始进行单元测试的测试用例设计。利用设计文档,设计可以验证程序功能、找出程序错误的多个测试用例。对于每一组输入,应有预期的正确结果。

模块接口测试中的被测模块并不是一个独立的程序,在考虑测试模块时,同时要考虑它和外界的联系,用一些辅助模块去模拟与被测模块相关联的模块。这些辅助模块可分为两种。

(1)驱动模块:相当于被测模块的主程序。它接收测试数据,把这些数据传送给被测模块,最后输出实测结果。

(2)桩模块:用来代替被测模块调用的子模块。桩模块可以做少量的数据操作,不需要把子模块所有功能都带进来,但不允许什么事情也不做。

被测模块、与它相关的驱动模块以及桩模块共同构成了一个测试环境,如图 3-3 所示。

如果一个模块要完成多种功能,并且以程序包或对象类的形式出现,例如 Ada 中的包、Modula 中的模块、C++ 中的类,这时可以将模块看成由几个小程序组成。对其中的每个小程序先

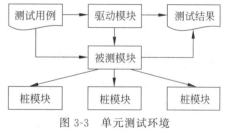

图 3-3　单元测试环境

进行单元测试要做的工作,对关键模块还要做性能测试。对支持某些标准规程的程序,更要着手进行互联测试。有人把这种情况称为模块测试,以区别于单元测试。

3.2　集成测试

3.2.1　集成测试的定义

所有的软件项目都不能摆脱系统集成这个阶段。不管采用什么开发模式,具体的开发工作总得从一个一个的软件单元做起,软件单元只有经过集成才能形成一个有机的整体。

在完成单元测试的基础上,需要将所有模块按照设计要求组装成为系统。这时需要考虑以下问题。

(1)在把各个模块连接起来的时候,穿越模块接口的数据是否会丢失。

(2)一个模块的功能是否会对另一个模块的功能产生不利的影响。

(3)各个子功能组合起来,能否达到预期要求的父功能。

（4）全局数据结构是否有问题。

（5）单个模块的误差累积起来是否会放大，从而达到不能接受的程度。

（6）单个模块的错误是否会导致数据库错误。

集成测试(Integration Testing)是介于单元测试和系统测试之间的过渡阶段，与软件开发计划中的软件概要设计阶段相对应，是单元测试的扩展和延伸。集成测试的定义是根据实际情况对程序模块采用适当的集成测试策略组装起来，对系统的接口以及集成后的功能进行正确校验的测试工作。

3.2.2　集成测试的层次

软件的开发过程是一个从需求分析、概要设计、详细设计到编码实现的逐步细化的过程，那么从单元测试、集成测试到系统测试就是一个逆向求证的过程。集成测试内部对于传统软件和面向对象的应用系统有两种层次的划分。

对传统软件来说，可以把集成测试划分为如下 3 个层次。

（1）模块内集成测试。

（2）子系统内集成测试。

（3）子系统间集成测试。

对面向对象的应用系统来说，可以把集成测试分为如下两个阶段。

（1）类内集成测试。

（2）类间集成测试。

3.2.3　集成测试的模式

选择什么方式把模块组装起来形成一个可运行的系统，直接影响到模块测试用例的形式、所用测试工具的类型、模块编号的次序和测试的次序、生成测试用例的费用和调试的费用。集成测试的模式是软件集成测试中的策略体现，其重要性是明显的，直接关系到软件测试的效率、结果等，一般是根据软件的具体情况来决定采用哪种模式。通常，把模块组装成为系统的测试方式有如下两种。

增值式集成测试方式需要编写的软件较多，工作量较大，花费的时间较多；一次性集成测试方式的工作量较小。增值式集成测试方式发现问题的时间比一次性集成方式早。增值式集成测试方式比一次性集成方式更容易判断出问题的所在，因为出现的问题往往和最后加进来的模块有关。增值式集成方式测试得更为彻底。使用一次性集成方式可以多个模块并行测试。

这两种模式各有利弊，在时间条件允许的情况下采用增值式集成测试方式有一定的优势。

1. 一次性集成测试方式

一次性集成测试方式(No-Incremental Integration)又称为非增值式集成测试，是先分别测试每个模块，再把所有模块按设计要求放在一起结合成所需要实现的程序。

2. 增值式集成测试方式

增值式集成测试方式(Incremental Integration)是把下一个要测试的模块同已经测好的模块结合起来进行测试，测试完毕，再把下一个应该测试的模块结合进来继续进行测试。

在组装的过程中边连接边测试,以发现连接过程中产生的问题。通过增值逐步组装成为预先要求的软件系统。

1) 增值式集成测试方式的分类

(1) 自顶向下增值测试方式(Top-down Integration):主控模块作为测试驱动,所有与主控模块直接相连的模块作为桩模块;根据集成的方式(深度或广度),每次用一个模块把从属的桩模块替换成真正的模块;在每个模块被集成时,都必须已经进行了单元测试;进行回归测试以确定集成新模块后没有引入错误。这种组装方式是将模块按系统程序结构沿着控制层次自顶向下进行组装。自顶向下增值测试方式在测试过程中较早地验证了主要的控制和判断点。选用按深度方向组装的方式,可以首先实现和验证一个完整的软件功能。

(2) 自底向上增值测试方式(Bottom-up Integration):组装从最底层的模块开始组合成一个构件,用以完成指定的软件子功能。编制驱动程序,协调测试用例的输入与输出;测试集成后的构件;按程序结构向上组装测试后的构件,同时除掉驱动程序。这种组装方式是从程序模块结构的最底层的模块开始组装和测试。因为模块是自底向上进行组装,对于一个给定层次的模块,它的子模块(包括子模块的所有下属模块)已经组装并测试完成,所以不再需要桩模块。在模块的测试过程中如果需要从子模块得到信息时,可以直接运行子模块获得。

(3) 混合增值测试方式(Modified Top-down Integration):是结合具体模块进行自顶向下或者自底向上的综合模式策略。

2) 自顶向下增值方式和自底向上增值方式的优缺点

(1) 自顶向下增值方式的优点是能够较早地发现在主要控制方面存在的问题。自顶向下增值方式的缺点是需要建立桩模块。要使桩模块能够模拟实际子模块的功能是十分困难的,同时还会涉及复杂算法。真正输入/输出的模块处在底层,它们是最容易出问题的模块,并且直到组装和测试的后期才遇到这些模块,一旦发现问题,会导致过多的回归测试。

(2) 自底向上增值方式的优点是不需要桩模块,建立驱动模块一般比建立桩模块容易,同时由于涉及复杂算法和真正输入/输出的模块是最先得到组装和测试的,可以把最容易出问题的部分在早期解决。自底向上增值方式的缺点是程序一直未能作为一个实体存在,直到最后一个模块加上去后才形成一个实体。也就是说,在自底向上组装和测试的过程中,对主要的控制直到最后才接触到。此外,自底向上增值方式可以实施多个模块的并行测试。

3) 三种方式结合起来进行组装和测试

(1) 改进的自顶向下增值测试:基本思想是强化对输入/输出模块和引入新算法模块的测试,并自底向上组装成为功能相当完整且相对独立的子系统,然后由主模块开始自顶向下进行增值测试。

(2) 自底向上—自顶向下增值测试(混合法):首先对包含读操作的子系统自底向上直至根节点模块进行组装和测试,然后对包含写操作的子系统做自顶向下的组装与测试。

(3) 回归测试:这种方式采取自顶向下的方式测试被修改的模块及其子模块,然后将这一部分视为子系统,再自底向上测试,以检查该子系统与其上级模块的接口是否适配。

3.2.4 集成测试的组织和实施

集成测试是一种正规测试过程,必须精心计划,并与单元测试的完成时间协调起来。在制订测试计划时,应考虑如下因素。

(1)采用何种系统组装方法来进行组装测试。

(2)组装测试过程中连接各个模块的顺序。

(3)模块代码编制和测试进度是否与组装测试的顺序一致。

(4)测试过程中是否需要专门的硬件设备。

判定集成测试过程是否完成,可按如下几个方面检查。

(1)成功地执行了测试计划中规定的所有集成测试。

(2)修正了所发现的错误。

(3)测试结果通过了专门小组的评审。

图 3-4 所示表示的是按照一次性集成测试方式的实例。图 3-4(a)所示表示的是整个系统结构,共包含 6 个模块。

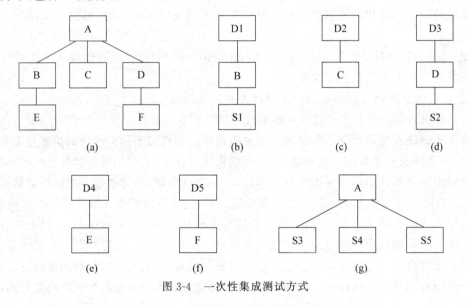

图 3-4　一次性集成测试方式

具体测试过程如下。

如图 3-4(b)所示,为模块 B 配备驱动模块 D1,来模拟模块 A 对模块 B 的调用;为模块 B 配备桩模块 S1,来模拟模块 E 被模块 B 调用;对模块 B 进行单元测试。

如图 3-4(d)所示,为模块 D 配备驱动模块 D3,来模拟模块 A 对模块 D 的调用;为模块 D 配备桩模块 S2,来模拟模块 F 被模块 D 调用;对模块 D 进行单元测试。

如图 3-4(c)、(e)、(f)所示,为模块 C、E、F 分别配备驱动模块 D2、D4、D5;对模块 C、模块 E、模块 F 分别进行单元测试。

如图 3-4(g)表示,为主模块 A 配备 3 个桩模块 S3、S4、S5;对模块 A 进行单元测试。

在将模块 A~模块 E 分别进行了单元测试之后,再一次性进行集成测试,直到测试结束。

图 3-5 所示表示的是按照深度优先方式遍历的自顶向下增值的集成测试实例。

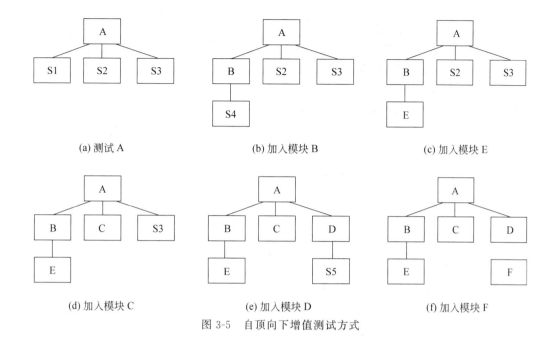

图 3-5　自顶向下增值测试方式

具体测试过程如下。

在树状结构图中,按照先左后右的顺序确定模块集成路线。

如图 3-5(a)所示,先对顶层的主模块 A 进行单元测试。就是对模块 A 配以桩模块 S1、S2、S3,用来模拟它所实际调用的模块 B、C、D,然后进行测试。

如图 3-5(b)所示,用实际模块 B 替换掉桩模块 S1,与模块 A 连接;再对模块 B 配以桩模块 S4,用来模拟模块 B 对模块 E 的调用;然后进行测试。

图 3-5(c)是将模块 E 替换掉桩模块 S4 并与模块 B 相连,然后进行测试。判断模块 E 没有叶子节点,也就是说以 A 为根节点的树状结构图中的最左侧分支深度遍历结束,转向下一个分支。

如图 3-5(d)所示,模块 C 替换掉桩模块 S2,连到模块 A 上,然后进行测试;判断模块 C 没有桩模块,转到树状结构图的最后一个分支。

如图 3-5(e)所示,模块 D 替换掉桩模块 S3,连到模块 A 上;同时给模块 D 配以桩模块 S5,来模拟其对模块 F 的调用;然后进行测试。

如图 3-5(f)所示,去掉桩模块 S5,替换成实际模块 F 连接到模块 D 上,然后进行测试;对树状结构图进行了完全测试,测试结束。

图 3-6 表示的是按照自底向上增值的集成测试实例。

首先,对处于树状结构图中叶子节点位置的模块 E、C、F 进行单元测试;如图 3-6(a)、(b)和(c)所示,分别配以驱动模块 D1、D2、D3,用来模拟模块 B、A、D 对它们的调用。

如图 3-6(d)、(e)所示,去掉驱动模块 D1、D3,替换成模块 B、D 并分别与模块 E、F 相连,再设立驱动模块 D4、D5 进行局部集成测试。

如图 3-6(f)所示,对整个系统结构进行集成测试。

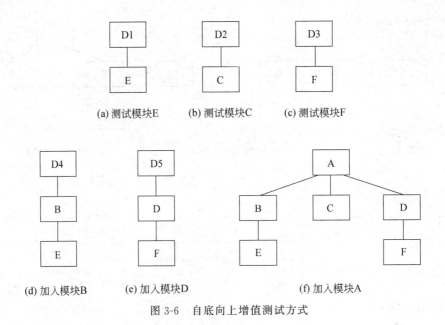

(a) 测试模块E   (b) 测试模块C   (c) 测试模块F

(d) 加入模块B   (e) 加入模块D   (f) 加入模块A

图 3-6   自底向上增值测试方式

3.3   确认测试

    确认测试最简明、最严格的解释是检验所开发的软件是否能按用户提出的要求运行。若能达到这一要求,则认为开发的软件是合格的,因而有的软件开发部门把确认测试称为合格性测试(Qualification Testing)。确认测试又称为有效性测试,它的任务是验证软件的功能和性能及其特性是否与客户的要求一致。对软件的功能和性能要求在软件需求规格说明中已经明确规定。

    确认测试阶段工作如图 3-7 所示。

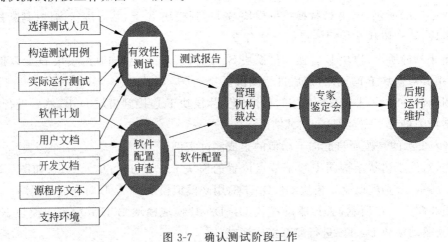

图 3-7   确认测试阶段工作

    经过确认测试,应该为已开发的软件做出结论性评价,有以下两种情况。

（1）经过检验的软件功能、性能及其他要求均已满足需求规格说明书的规定，因而可被接受，视为是合格的软件。

（2）经过检验发现与需求说明书有相当的偏离，得到一个各项缺陷的清单。

对于第二种情况，往往很难在交付期以前把发现的问题纠正过来。这就需要开发部门和客户进行协商，找出解决问题的办法。

确认测试是在模拟的环境（可能是开发的环境）下，运用黑盒测试的方法，验证所测试软件是否满足需求规格说明书列出的需求。

在全部软件测试的测试用例运行完后，所有的测试结果可以分为如下两类。

（1）测试结果与预期的结果相符。说明软件的这部分功能或性能特征与需求规格说明书相符合，从而这部分程序被接受。

（2）测试结果与预期的结果不符。说明软件的这部分功能或性能特征与需求规格说明不一致，因此要为它提交一份问题报告。

通过与用户的协商，解决所发现的缺陷和错误。确认测试应交付的文档有：确认测试分析报告、最终的用户手册和操作手册、项目开发总结报告。

软件配置审查是确认测试过程的重要环节，其目的是保证软件配置的所有成分都齐全，各方面的质量都符合要求，具备维护阶段所必需的详细资料并且已经编排好分类的目录。除了按合同规定的内容和要求由工人审查软件配置之外，在确认测试的过程中，应当严格遵守用户手册和操作手册中规定的使用步骤，以便检查这些文档资料的完整性和正确性；必须仔细记录发现的遗漏和错误，并且适当地补充和改正。

3.4　系统测试

在软件的各类测试中，系统测试是最接近于人们的日常测试实践。它是将已经集成好的软件系统作为整个计算机系统的一个元素，与计算机硬件、外设、某些支持软件、数据和人员等其他系统元素结合在一起，在实际运行环境下，对计算机系统进行一系列的组装测试和确认测试。

系统测试流程如图 3-8 所示。由于系统测试的目的是验证最终软件系统是否满足产品需求并且遵循系统设计，所以在完成产品需求和系统设计文档之后，系统测试小组就可以提前开始制订测试计划和设计测试用例，不必等到集成测试阶段结束，这样可以提高系统测试的效率。

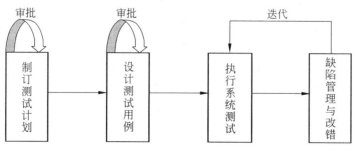

图 3-8　系统测试流程

27

系统测试需要确保系统测试的活动是按计划进行的,验证软件产品是否与系统需求用例不相符合或与之矛盾,建立完善的系统测试缺陷记录跟踪库,确保软件系统测试活动及其结果及时通知相关小组和个人。

为了保证系统测试质量,必须在测试设计阶段就对系统进行严密的测试设计,这就需要在测试设计中,从多方面考虑系统规格的实现情况。通常需要从以下几个层次来进行设计:用户层、应用层、功能层、子系统层、协议层。

系统测试有必要为项目指定一个测试工程师负责贯彻和执行系统测试活动;测试组向各事业部总经理/项目经理报告系统测试的执行状况;系统测试活动遵循文档化的标准和过程;向外部用户提供经系统测试验收通过的项目;建立相应项目的缺陷库,用于系统测试阶段项目不同生命周期的缺陷记录和缺陷状态跟踪;定期对系统测试活动及结果进行评估,向各事业部经理/项目办总监/项目经理汇报项目的产品质量信息及数据。

系统测试的通过原则包括规定的测试用例都已经执行,bug 都已经确认修复,软件需求说明书中规定的功能都已经实现,并且测试结果都已经得到评估确认。

3.5　验收测试

3.5.1　验收测试的内容

验收测试(Acceptance Testing)是向未来的用户表明系统能够像预定的要求那样工作。通过综合测试之后,软件已全部组装起来,接口方面的错误也已排除,软件测试的最后一步——验收测试即可开始。

验收测试的目的是确保软件准备就绪,并且可以让最终用户将其用于执行软件的既定功能和任务。验收测试是检验软件产品质量的最后一道工序。验收测试通常更突出客户的作用,同时软件开发人员也有一定的参与。如何组织好验收测试并不是一件容易的事。以下对验收测试的任务、目标以及验收测试的组织管理进行详细的介绍。

软件验收测试应完成的工作内容如下:要明确验收项目,规定验收测试通过的标准;确定测试方法;决定验收测试的组织机构和可利用的资源;选定测试结果分析方法;指定验收测试计划并进行评审;设计验收测试所用的测试用例;审查验收测试的准备工作;执行验收测试;分析测试结果;做出验收结论,明确通过验收或不通过验收,给出测试结果。

实现软件确认要通过一系列黑盒测试。验收测试同样需要制订测试计划和过程,测试计划应规定测试的种类和测试进度,测试过程则定义一些特殊的测试用例,旨在说明软件与需求是否一致。无论是计划还是过程,都应该着重考虑软件是否满足合同规定的所有功能和性能,文档资料是否完整、准确,人机界面和其他方面(例如,可移植性、兼容性、错误恢复能力和可维护性等)是否令用户满意。

验收测试的结果有两种可能,一种是功能和性能指标满足软件需求说明的要求,用户可以接受;另一种是软件不满足软件需求说明的要求,用户无法接受。如果项目进行到这个阶段才发现有严重错误和偏差,一般很难在预定的工期内改正,因此必须与用户协商,寻求一个妥善解决问题的方法。

验收测试的通过原则包括软件需求分析说明书中定义的所有功能已全部实现,性能指标全部达到要求;所有测试项没有残余一级、二级和三级错误;立项审批表、需求分析文档、设计文档和编码实现一致;验收测试工件齐全。

3.5.2　验收测试策略

选择的验收测试的策略通常建立在合同需求、组织和公司标准以及应用领域的基础上。实施验收测试的常用策略有如下 3 种。

1. 正式验收测试

正式验收测试是一项管理严格的过程,它通常是系统测试的延续。计划和设计这些测试的周密和详细程度不亚于系统测试。选择的测试用例应该是系统测试中所执行测试用例的子集。不要偏离所选择的测试用例方向,这一点很重要。在很多组织中,正式验收测试是完全自动执行的。对于系统测试,活动和工件是一样的。在某些组织中,开发组织(或其独立的测试小组)与最终用户组织的代表一起执行验收测试。在其他组织中,验收测试则完全由最终用户组织执行,或者由最终用户组织选择人员组成一个客观公正的小组来执行。

2. 非正式验收或 Alpha 测试

在非正式验收测试中,执行测试过程的限定不像正式验收测试中那样严格。在此测试中,确定并记录要研究的功能和业务任务,但没有可以遵循的特定测试用例。测试内容由各测试员决定。这种验收测试方法不像正式验收测试那样组织有序,而且更为主观。大多数情况下,非正式验收测试是由最终用户组织执行的。

3. Beta 测试

与以上两种验收测试策略相比,Beta 测试需要的控制是最少的。在 Beta 测试中,采用的细节多少、数据和方法完全由各测试员决定。各测试员负责创建自己的环境并选择数据,然后决定要研究的功能、特性或任务。各测试员负责确定自己对于系统当前状态的接受标准。Beta 测试由最终用户实施,通常开发组织对其管理很少或不进行管理。Beta 测试是所有验收测试策略中最主观的。

3.6　本章小结

单元测试是测试执行的开始阶段,测试对象是每个单元,测试目的是保证每个模块或组件能正常工作。单元测试主要采用白盒测试方法,检测程序的内部结构。集成测试又称为组装测试,这是在单元测试的基础上,对已测试过的模块进行组装并进行集成测试,测试目的是检验与接口有关的模块之间的问题。集成测试主要采用黑盒测试方法。确认测试又称为有效性测试,这是在完成集成测试后,验证软件的功能和性能及其他特性是否符合用户要求,测试目的是保证系统能够按照用户预定的要求工作。确认测试通常采用黑盒测试方法。系统测试在完成确认测试后,为了检验系统能否与实际环境(如软硬件平台、数据和人员等)协调工作,还需要进行系统测试。可以说,系统测试之后,软件产品基本满足开发要求。验收测试是测试过程的最后一个阶段。验收测试主要突出用户的作用,同时软件开发人员也应该参与进去。

3.7 练习题

1. 判断题

(1) 验收测试是由最终用户来实施的。 （　　）

(2) 单元测试能发现约 80% 的软件缺陷。 （　　）

(3) 集成测试计划在需求分析阶段的最后提交。 （　　）

(4) Beta 测试是验收测试的一种。 （　　）

(5) 自底向上集成需要测试员编写驱动程序。 （　　）

2. 选择题

(1) 集成测试分为渐增组装测试和(　　)。

  A. 非渐增组装测试   B. 确认测试

  C. 单元测试   D. 测试计划

(2) 集成测试中使用的辅助模块分为驱动模块和(　　)。

  A. 传入模块   B. 主模块   C. 桩模块   D. 传出模块

(3) 驱动模块模拟的是(　　)。

  A. 子模块   B. 第一模块   C. 底层模块   D. 主程序

(4) 单元测试的测试用例主要根据(　　)的结果来设计。

  A. 需求分析   B. 源程序   C. 概要设计   D. 详细设计

(5) 单元测试的测试目的是(　　)。

  A. 保证每个模块或组件能正常工作   B. 保证每个程序能正常工作

  C. 确保缺陷得到解决   D. 使程序正常运行

3. 简答题

(1) 单元测试的内容包括哪些?

(2) 集成测试的集成方式有哪几种?

第4章 软件质量

 本章目标

- 掌握软件质量的定义。
- 熟悉软件质量的模型。
- 了解软件质量保证。
- 了解软件质量控制。
- 熟悉软件度量。
- 了解软件质量标准。

软件测试和软件质量保证是软件质量工程的两个方面。软件测试只是软件质量保证工作的一个重要环节。软件质量保证的工作是通过预防、检查和改进来保证软件质量。软件质量保证采取的方法主要是按照全面质量管理和过程管理并改进的原理展开工作。在质量保证的工作中会掺入一些测试活动,但它所关注的是软件质量的检查和测量。因此,其主要工作是着眼于软件开发活动中的过程、步骤和产物,并不时对软件进行剖析,找出问题。

4.1 软件质量概述

4.1.1 软件质量的定义

1979 年,Fisher 和 Light 将软件质量定义为:表征计算机系统卓越程度的所有属性的集合。

1982 年,Fisher and Baker 将软件质量定义为:软件产品满足明确需求一组属性的集合。

20 世纪 90 年代,Norman、Robin 等人将软件质量定义为:表征软件产品满足明确的和隐含的需求的能力的特性或特征的集合。

1994 年,国际标准化组织公布的国际标准 ISO 8042 综合地将软件质量定义为:反映实体满足明确的和隐含的需求的能力的特性的总和。

综上所述,软件质量是产品、组织和体系或过程的一组固有特性,反映它们满足顾客和其他相关方面要求的程度。如 CMU SEI 的 Watts Humphrey 指出:"软件产品必须提供用户所需的功能,如果做不到这一点,什么产品都没有意义。其次,这个产品能够正常工作。如果产品中有很多缺陷,不能正常工作,那么不管这种产品性能如何,用户也不会使用它。"

而 Peter Denning 强调:"越是关注客户的满意度,软件就越有可能达到质量要求。程序的正确性固然重要,但不足以体现软件的价值。"

《软件工程术语》(GB/T 11457—2006)中定义软件质量为:

(1) 软件产品中能满足给定需要的性质和特性的总体。

(2) 软件具有所期望的各种属性的组合程度。

(3) 顾客和用户觉得软件满足其综合期望的程度。

(4) 确定软件在使用中将满足顾客预期要求的程度。

4.1.2　软件质量的要素

1. 功能性

功能性是指与一组功能及其指定性质有关的一组属性。这里的功能是指那些满足明确或隐含的需求的功能,其包含如下两个方面。

(1) 完备性:与软件功能是否完整、齐全有关的软件属性。

(2) 正确性:能否得到正确或相符结果或效果有关的软件属性。

2. 可靠性

可靠性是指在规定的一段时间和条件下,与软件维持其性能水平的能力有关的一组属性,其包含如下几个方面。

(1) 可用度:软件运行后在任一随机时刻需要执行规定任务或完成规定功能时,软件处于可使用状态的概率。

(2) 初期故障率:软件在初期故障期(一般为软件交付用户后的 3 个月)内单位时间(100 小时)的故障数。

(3) 偶然故障率:软件在偶然故障期(一般为软件交付用户后的 4 个月以后)内单位时间的故障数。

(4) 平均失效前时间(MTTF):软件在失效前正常工作的平均统计时间。

(5) 平均失效间隔时间(MTBF):软件在相继两次失效之间正常工作的平均统计时间。一般民用软件在 1 000 小时左右。

(6) 缺陷密度(FD):软件单位源代码(1 000 行无注释)中隐藏的缺陷数量。典型统计表明,开发阶段平行代码平均有 50~60 个缺陷,交付后的平行源码平均为 15~18 个缺陷。

(7) 平均失效恢复时间(MTTR):软件失效后恢复正常工作所需的平均统计时间。

3. 易用性

易用性是指由一组规定或潜在的用户为使用软件所做的努力和所做的评价有关的一组属性,其包含如下几个方面。

(1) 易理解性:用户认识软件的逻辑概念及其应用范围所花的与努力有关的软件属性。

(2) 易学习性:用户为学习软件(运行控制、输入、输出等)所花的与努力有关的软件属性。

(3) 易操作性:用户为操作和运行控制所花的与努力有关的软件属性。

4. 效率性

效率性是指在规定的条件下与软件的性能水平与所使用资源量之间有关的一组属性,包含如下几个方面。

（1）输出结果更新周期：软件相邻两次输出结果的间隔时间。

（2）处理时间：软件完成某项功能（辅助计算或决策）所用的处理时间（不含人机交互的时间）。

（3）吞吐量：单位时间内软件的信息处理能力（各种目标的处理批数）。

（4）代码规模：软件源程序的行数（不含注释），属于软件的静态属性。

5. 可维护性

可维护性是指与进行指定的修改所需的努力有关的一组属性。

6. 可移植性

可移植性是指与软件从一个环境转移到另一个环境的能力有关的一组属性。

4.2 软件质量模型

4.2.1 McCall 质量模型

McCall 质量模型是 1977 年由 McCall 等人提出的软件质量模型。它将软件质量的概念建立在 11 个质量特性之上，而这些质量特性分别是面向软件产品的运行、修正和转移的。

McCall 等人认为，特性是软件质量的反映，软件属性可用作评价准则，定量化地度量软件属性，可知软件质量的优劣。McCall 等人认为软件的质量模型应该包括产品的修正、产品的转移、产品的运行。而产品的修正包括可维护性、可测试性、灵活性等子特性；产品的转移包括可移植性、可复用性、互联性等；产品的运行包括正确性、可靠性、效率、易用性和完整性。McCall 质量模型如图 4-1 所示。

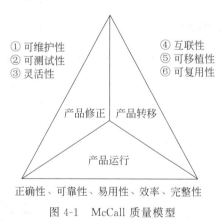

图 4-1 McCall 质量模型

4.2.2 Bohm 质量模型

Bohm 质量模型是 1978 年由 Bohm 等人提出的分层方案——将软件的质量特性定义成分层模型，如图 4-2 所示。

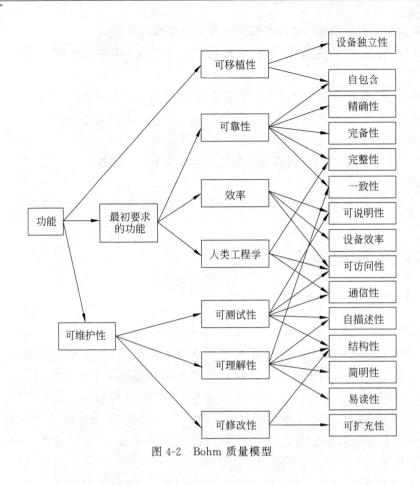

图 4-2　Bohm 质量模型

4.2.3　ISO 软件质量模型

按照 ISO/IEC 9126-1:2001,软件质量模型可以分为内部质量模型、外部质量模型、使用质量模型三类,同时内部质量和外部质量又包括 6 个质量特性,具体见图 4-3 和图 4-4。

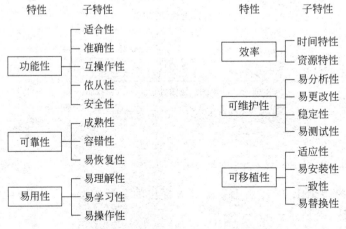

图 4-3　ISO/IEC 9126-1:2001 质量模型

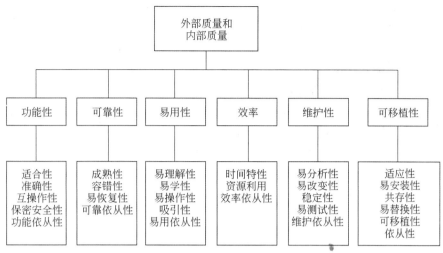

图 4-4　外部质量模型和内部质量模型的特性

4.3　软件质量保证

软件质量保证(SQA)是建立一套有计划、有系统的方法,来向管理层保证已经制定出的标准、步骤、实践和方法能够正确地被所有项目所采用。软件质量保证的目的是使软件过程对于管理人员来说是可见的。它通过对软件产品和活动进行评审和审计,来验证软件是否合乎标准。软件质量保证组在项目开始时就一起参与建立计划、标准和过程。以上方面将使软件项目满足机构方针的要求。

4.3.1　软件质量保证的理论探索

1. 软件质量保证过程的认识

我们都知道一个项目的主要内容是成本、进度和质量。良好的项目管理就是综合三方面的因素,平衡三方面的目标,最终依照目标完成任务。项目的这三方面是相互制约、相互影响的,有时对这三方面的平衡甚至成为一个企业的要求,决定了企业的行为。我们知道,IBM 的软件是以质量为最重要目标的,而微软的"足够好的软件"策略更是让大家耳熟能详,这些质量目标其实是立足于企业的战略目标,所以用于进行质量保证的 SQA 工作也应当立足于企业的战略目标,并应从这个角度思考 SQA,形成对 SQA 理论的认识。

软件界已经达成的共识是:影响软件项目进度、成本和质量的因素主要是人、过程和技术。首先要明确的是这 3 个因素中,人是第一位的。

现在许多实施 CMM 的人员沉溺于 CMM 的理论,过于强调"过程",这是很危险的倾向。这种思想倾向在国外受到了猛烈抨击,从某种意义上讲,各种敏捷过程方法的提出就是对强调过程的一种反思。XP(Extreme Programming,极限编程)软件开发方法中的一种思想是"人比过程更重要",这是值得我们深思的。建议大家在进行过程改进中坚持"以人为本",强调过程和人的和谐。

根据现代软件工程对众多失败项目的调查,发现管理是项目失败的主要原因。这个事实的重要性在于说明了"要保证项目不失败,我们应当更加关注管理"。应注意这个事实没有说明另外一个问题:"良好的管理可以保证项目的成功。"现在很多人基于一种粗糙的逻辑,从一个事实反推到这个结论,这在逻辑上是错误的,这种错误形成了更加错误的做法,这一点在 SQA 的理解上体现得较为明显。

如果我们考证一下历史的沿革,应当更加容易理解 CMM 的本质。CMM 首先是作为一种"评估标准"出现的,主要评估的是美国国防部供应商保证质量的能力。CMM(软件能力成熟度模型)关注的软件生产有如下特点。

(1)强调质量的重要性。

(2)适合规模较大的项目。

这是 CMM 产生的原因。它引入了"全面质量管理"的思想,尤其侧重于"全面质量管理"中的"过程方法",并且引入了"统计过程控制"的方法。可以说这两种思想是 CMM 的基础。

上面这些内容形成了我们对软件过程地位、价值的基本理解,在这个基础上可以引申讨论 SQA。

2. 生产线的隐喻

如果将一个软件生产类比于一个工厂的生产,那么生产线就是过程,产品是按照生产线的规定过程进行生产的。SQA 人员的职责就是保证过程的执行,也就是保证生产线的正常执行。

抽象出的管理体系模型如下,这个模型说明了一个过程体系至少应当包含决策、执行、反馈 3 个重要方面。

SQA 人员的职责就是确保过程的有效执行,监督项目按照过程进行项目活动;它不负责监管产品的质量,不负责向管理层提供项目的情况,不负责代表管理层进行管理,只是代表管理层来保证过程的执行。

3. SQA 和其他工作的组合

在很多企业中,将 SQA 的工作和 ALM、SEPG、组织级的项目管理者的工作混合在一起,有时甚至更加注重其他方面的工作而没有做好 SQA 的本职工作。

中国现在基本有 3 种 QA(按照工作重点不同来分):一是过程改进型,二是配置管理型,三是测试型。我们认为这是因为 SQA 工作和其他不同工作组合在一起形成的。

4. QA 和 QC

(1)定义

QA:英文 Quality Assurance 的简称,中文意思是品质保证,其在 ISO 8402:1994 中的定义是"为了提供足够的信任表明实体能够满足品质要求,而在品质管理体系中实施并根据需要进行证实的全部有计划和有系统的活动"。

QC:英文 Quality Control 的简称,中文意思是品质控制,其在 ISO 8402:1994 中的定义是"为达到品质要求所采取的作业技术和活动"。

(2)两者的基本作用

QA:审计过程的质量,保证过程被正确执行。这是过程质量审计者。

QC:检验产品的质量,保证产品符合客户的需求。这是产品质量检查者。

注意：检查和审计的区别如下。

检查：就是我们常说的挑毛病。

审计：确认项目按照要求进行的证据。仔细看看 CMM 的各个 KPA 中 SQA 的检查采用的术语，大量用到了"证实"，审计的内容主要是过程；对照 CMM 看一下项目经理和高级管理者的审查内容，它们更加关注具体内容。

对照上面的管理体系模型，QC 进行质量控制，向管理层反馈质量信息；QA 则确保 QC 按照过程进行质量控制活动，按照过程将检查结果向管理层汇报。这就是 QA 和 QC 工作的关系。

在这样的分工原则下，QA 只是检查项目是否按照过程进行了某项活动，是否产出了某个产品；而 QC 来检查产品是否符合质量要求。

如果企业原来具有 QC 人员并且 QA 人员配备不足，可以先确定由 QC 人员兼任 QA 人员的工作。但是这只能是暂时的，因为独立的 QA 人员应当具备，因为 QC 人员工作也是要遵循过程要求的，也是要审计过程。这种混合情况难以保证 QC 人员工作过程的质量。

5. SEPG 和 QA

（1）SEPG 的定义

SEPG 是英文 Software Engineering Process Group 的简称，即软件工程过程小组，是软件工程的一个重要组成部分。

（2）SEPG 和 QA 两者的基本作用

SEPG：用于制定过程，实施过程改进。

QA：确保过程被正确执行。

SEPG 应当提供过程上的指导，帮助项目组制定项目过程并进行策划，以便保持有效的工作，并能有效地执行过程。如果项目和 QA 相关人员对过程的理解发生争执，SEPG 应作为最终仲裁者。为了进行有效的过程改进，SEPG 必须分析项目的数据。

QA 人员也要进行过程规范，那么最有经验、最有能力的 QA 人员可以参加 SEPG，但是要注意这两者的区别。

如果企业的 SEPG 人员具有较为深厚的开发背景，可以兼任 SQA 工作，这样利于过程的不断改进；但是由于立法、执法集于一身也容易造成 SQA 人员过于强势，影响项目的独立性。

管理过程比较成熟的企业，因为企业的文化和管理机制已经健全，SQA 人员职责范围的工作较少，往往只是针对具体项目制订重点的 SQA 计划，这样 SQA 人员的审计工作会大大减少，从而可以同时审计较多项目。

另外，由于分工的细致化及管理体系的复杂化，往往需要专职的 SEPG 人员，这些人员要了解企业的所有管理过程和运作情况，在这个基础上才能统筹全局并进行过程的改进，这时了解全局的 SQA 人员就是专职 SEPG 的主要人选，这些 SQA 人员将逐渐地转化为 SEPG 人员，并且更加了解管理知识，而 SQA 方面的工作渐渐成为他们的兼职工作。

这种情况在许多 CMM5 企业中比较多见，往往有时看不见 SQA 人员在项目组出现或者很少出现，这种 SEPG 和 SQA 的融合特别有利于组织的过程改进工作。SEPG 人员确定过程改进内容，SQA 人员重点反映这些改进内容，这样就非常有利于使改进内容达到 CMM5 的要求。从这个角度看，国外的 SQA 人员为什么能拿高薪就不难理解了。这也说明了当前中国 SQA 人员比较被轻视的原因,因为管理过程还不完善,我们的 SQA 人员还没有产生非常大的价值。

6. QA 和组织级的监督管理

有的企业为了更好地监督管理项目,建立了一个角色,可以取名为"组织级的监督管理者",他们的职责是对所有项目进行统一的跟踪、监督及适当的管理,以便保证管理层对所有项目的可视性、可管理性。

为了有效管理项目,组织级的监督管理者必须分析项目的数据,如图 4-5 所示。

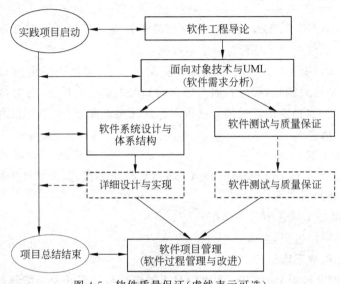

图 4-5　软件质量保证(虚线表示可选)

他们的职责对照图 4-5 的模型,就是执行"反馈"职能。

QA 人员本身不进行反馈工作,最多对过程执行情况的信息进行反馈。

SQA 人员的职责最好不要和"组织级的项目管理者"的职责混合在一起,否则容易出现 SQA 困境:一方面 SQA 不能准确定位自己的工作,另一方面过程执行者对 SQA 人员抱有较大的戒心。

如果建立了较好的管理过程,那么就会增强项目的可视性,从而保证企业对所有项目的较好管理;而 QA 可以确保这个管理过程的运行。

4.3.2　软件质量保证的工作内容和工作方法

1. 计划

针对具体项目应制订 SQA 计划,以便确保项目组正确执行过程。制订 SQA 计划应当注意如下几点。

(1) 明确重点:依据企业目标以及项目情况确定审计的重点。

(2) 明确审计内容:明确审计哪些活动和哪些产品。

(3) 明确审计方式:确定怎样进行审计。

(4) 明确审计结果报告的规则:审计结果的报告给谁。

2. 审计/证实

依据 SQA 计划进行 SQA 审计工作,按照规则发布审计结果报告。注意审计一定要有项目组人员陪同,不能搞突然袭击。双方要开诚布公,坦诚相对。

审计的内容:是否按照过程要求执行了相应活动,是否按照过程要求产生了相应产品。

3. 问题跟踪

对审计中发现的问题,要求项目组改进并跟进,直到解决。

在软件质量保证过程中对质量保证人员素质方面主要有如下要求。

(1) 以过程为中心的思想:应当站在过程的角度来考虑问题,只要保证了过程,QA 人员就尽到了责任。

(2) 服务精神:为项目组服务,帮助和确保项目组能正确执行过程。

(3) 了解过程:深刻了解企业的项目,并具有一定的过程管理理论知识。

(4) 了解开发:对开发工作的基本情况了解,能够理解项目各个阶段的活动。

(5) 沟通技巧:善于沟通,能够营造良好的气氛,避免审计活动成为一种“找茬”活动,避免不必要的矛盾。

4.3.3　软件质量保证的活动内容

软件质量保证(SQA)是一种应用于整个软件过程的活动,它包含如下内容。

(1) 一套完整的质量管理方法。

(2) 有效的软件工程技术(方法和工具)。

(3) 在整个软件过程中采用正式的质量保证技术评审。

(4) 一种多层次的测试策略。

(5) 对软件文档及其修改的控制。

(6) 保证软件遵从软件开发标准。

(7) 一套完善的度量和报告机制。

SQA 与两种不同的参与者相关——做技术工作的软件工程师,以及负责质量保证的计划、监督、记录、分析及报告工作的 SQA 小组。

软件工程师通过采用可靠的技术方法和措施进行正式的技术评审,执行计划周密的软件测试来考虑质量问题,并完成软件质量保证和质量控制活动。

SQA 小组的职责是辅助软件工程小组得到高质量的最终产品。SQA 小组一般需要完成如下内容。

(1) 为项目准备 SQA 计划。该计划在制订项目计划时确定,由所有感兴趣的相关部门评审。具体内容包括需要进行的审计和评审;项目可采用的标准;错误报告和跟踪的规程;由 SQA 小组产生的文档;向软件项目组提供的反馈数量。

(2) 参与开发项目的软件过程描述。评审过程描述以保证该过程与组织政策、内部软件标准、外界标准以及项目计划的其他部分相符。

(3) 评审各项软件工程活动,对其是否符合定义好的软件过程进行核实。记录、跟踪与过程的偏差。

(4) 审计指定的软件工作产品,对其是否符合事先定义好的需求进行核实。对产品进行评审,识别、记录和跟踪出现的偏差;对是否已经改正进行核实;应定期将工作结果向项目管理者报告。

（5）确保软件工作及产品中的偏差已记录在案，并根据预定的规程进行处理。

（6）记录所有不符合的部分并报告给高层领导者。

4.3.4 软件质量保证正式的技术评审(FTR)

正式技术评审是一种由软件工程师和其他人进行的软件质量保障活动。

1. 目标

（1）发现功能、逻辑或实现的错误。

（2）证实经过评审的软件的确满足需求。

（3）保证软件的表示符合预定义的标准。

（4）得到一种用一致的方式开发的软件。

（5）使项目更易管理。

2. 评审会议

3～5 人参加，不超过 2 小时，由评审主席、评审者和生产者参加，必须做出下列决定中的一个。

（1）工作产品是否可以不经修改而被接受。

（2）由于严重错误而否决的工作产品。

（3）暂时可以接受的工作产品。

3. 评审总结报告

评审总结报告是项目历史记录的一部分，标识产品中存在问题的区域，作为行政条目检查表以指导生产者进行改正。该报告主要的内容是关于评审什么，由谁评审，结论是什么等内容。

4. 评审指导原则

（1）评审产品而不是评审生产者。应客气地指出产品错误，气氛应轻松，避免不必要的矛盾。

（2）不要离题，限制争论。有异议的问题不要争论，但要记录在案。

（3）对各个问题都发表见解。问题解决应该放到评审会议之后进行。

（4）为每个要评审的工作产品建立一个检查表。检查表包括分析、设计、编码、测试文档。

（5）分配资源和时间。应该将评审作为软件工程任务加以调度，评判以前所做的评审。

4.3.5 质量保证与检验

1. 检验的目的

确保每个软件开发过程的质量，防止把软件差错传播到下一个过程，因此，检验的目的有如下两个。

（1）切实搞好开发阶段的管理，检查各开发阶段的质量保证。

（2）预先防止软件差错给用户造成的损失。

2. 检验的类型

（1）供货检验：对委托外单位承担开发作业，而后买进或转让构成软件产品的部件，对规格说明、半成品或产品的检查。

（2）中间检验/阶段评审：目的是为了判断是否可以进入下一个阶段进行后续开发，避免将软件差错传播到后续工作中。

（3）验收检验：确认产品是否已达到可以进行产品检验的质量要求。

（4）产品检验：判定向用户提供的软件产品是否达到了令人满意的程度。

（5）软件质量：保证检验项目的内容根据开发各阶段而有所不同。

（6）需求分析：需求分析→功能设计→实施计划。

3. 检验的内容

开发目的，目标值，开发量，所需资源，各阶段的产品作业内容，开发体制的合理性。

4. 检验的步骤

（1）设计：结构设计→数据设计→过程设计。检查的内容包括产品的计划量与实际量，评审量，差错数，评审方法，出错导因及处理情况，阶段结束的判断标准。

（2）实现：程序编制→单元测试→集成测试→确认测试。检查的内容除上条提到的之外，还应增加测试环境及测试用例设计方法。

（3）验收。检查的内容包括说明书检查，程序检查。

4.4　软件质量控制

4.4.1　软件质量控制的定义

软件质量控制是贯穿整个软件生命周期的重要工作，是软件项目顺利实施并成功完成的可靠保证。随着软件开发技术的发展和信息技术的广泛应用，软件质量控制越来越受到重视。实现软件质量控制与国际标准接轨，加强软件管理，改善软件开发过程，提高软件质量，已成为软件行业面临的巨大难题。通过软件质量控制，可以提高软件产品的生产可靠性，降低软件产品的开发成本。高质量的软件离不开有效的管理和控制。质量和成本，是衡量项目成功与否的两个关键因素，通过质量控制也能降低项目成本。Donald Reifer 给出软件质量控制的定义：软件质量控制是一系列验证活动，在一系列的控制活动中采取有效的措施，可以在软件开发过程的各个监测点上评估开发出来的阶段性产品是否符合技术规范。质量控制是软件项目管理的重要工作。

4.4.2　软件质量控制的目的

（1）从项目整体出发，通过对项目质量的控制，达到对项目整体质量的全面保证。

（2）从项目过程出发，通过对项目过程的控制，达到及时发现异常，及时采取纠正措施，通过过程控制最终确保质量符合预期要求。

（3）通过质量控制管理，达到降低质量成本，减少质量风险，最终达到客户满意的目的。

4.4.3　软件质量控制的必要性

（1）项目进行过程中的质量控制，为整个项目的实施和完成提供了质量保证。

（2）项目过程中的质量控制，可以有效避免由于质量问题引起的质量成本损失。

（3）质量控制的好坏直接影响项目整体管理的成效。

（4）通过质量控制，可以有效地控制项目实施过程中的潜在威胁，为后续过程提供相应的质量保证。

（5）有效地进行质量控制是确保产品质量、提升产品品质、促使企业发展、赢得市场、获得利润的核心。

4.4.4 软件质量控制的内容及过程

1. 质量控制的内容

全面质量控制过程，就是质量计划的制订和组织实现过程。由休哈特提出构想，经过著名质量管理专家戴明深化和发展，总结出管理学的通用模型，称为戴明环，在很多资料上也称为 PDCA 循环。

（1）质量控制要素

软件项目质量控制的三大要素是产品、过程和资源，这些要素需要不断进行调整和检查。三大要素的表述如下。

① 产品（Production）。一个过程的输出产品，不会比输入产品的质量更高。如果输入产品有缺陷，会在后续产品中放大，并影响最终产品的质量。软件产品中的各个部件和模块必须达到预定的质量要求，特别需要保证各模块共用的 API 和基础类库的质量，否则各个模块集成以后的缺陷会成倍放大，并且难以定位，修复成本也会大大增加。

② 过程（Process）。软件项目过程分为两类。一类是技术过程，包括需求分析、架构设计、编码实现等；另一类是管理过程，包括技术评审、配置管理、软件测试等。技术过程进行质量设计并构造产品，有时也会引入缺陷，因此技术过程直接决定了软件质量特性；管理过程对质量过程进行检查和验证，发现问题并进行纠正，间接地决定了最终产品质量。因此，技术过程和管理过程都对软件质量有重要的影响。

③ 资源（Resource）。软件项目中的资源包括人、时间、设备和资金等，资源的数量和质量都会影响软件产品的质量。软件是智力高度集中的产品，人是决定性因素，软件开发人员的知识、经验、能力、态度都会对产品质量产生直接影响。在大多数情况下，项目的时间和资金都是有限的，构成了制约软件质量的关键因素。而设备和环境不足也会直接导致软件质量低下。

（2）质量控制模型结构

将 PDCA 循环用于质量控制的模型结构如图 4-6 所示。

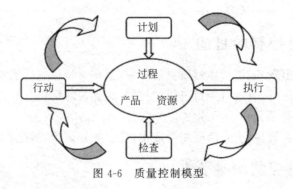

图 4-6 质量控制模型

PDCA 包括如下 4 个阶段。

① 计划(Plan)。分析现状,发现问题,找出原因,制订相应的质量方针、目标、计划和原则。

② 执行(Do)。根据计划实施规定的各项活动。

③ 检查(Check)。对执行的结果进行检查、审核和评估,收集数据并进行分析,度量工作的质量,发现存在的问题。

④ 行动(Action)。针对检查中发现的问题,采取相应的改进措施纠正偏差。总结成功经验,吸取失败教训,形成标准和规范以便指导以后的工作,通过行动提高并升华。

2. 项目的监控

软件在组织实施项目的过程中,对项目的监控从 3 个方面着手实施。

(1) 建立符合软件工程和软件项目管理流程要求的实用的软件项目运行环境,包括明确的过程流程、项目策划、组织支撑环境。

(2) 优秀的项目经理和质量保证经理构成项目的第一责任人。软件采用双过程经理制,项目经理和软件质量保证经理构成软件项目的灵魂人物。

(3) 项目沟通。项目计划、进度和项目范围必须能够被项目成员方便地得到,以确保大家是在统一的平台上朝着同一个目标前进。为此,在软件开发项目实施过程中,软件从 3 个方面展开工作以建立项目组内部、公司全局、项目组与项目方的沟通机制。

① 采用适当的图表和模板增强项目组内沟通效果和沟通的一致性。

② 采用协同开发软件工具内部统一的消息平台。

③ 项目策划中必须包括与项目方的适当沟通并建立沟通渠道。

3. 项目质量控制的结果

项目质量控制的结果是项目质量控制和质量保障工作所形成的综合结果,是项目质量管理全部工作的综合结果。这种结果的主要内容包括如下几个方面。

(1) 项目质量的改进

项目质量的改进是指通过项目质量管理与控制所带来的项目质量的提高。项目质量改进是项目质量控制和保障工作共同作用的结果,也是项目质量控制最为重要的一项结果。

(2) 对于项目质量的接受

对于项目质量的接受包括两个方面:其一是指项目质量控制人员根据项目质量标准对已完成的项目结果进行检验后,对该项结果所作出的接受和认可;其二是指项目业主/客户或其代理人根据项目总体质量标准对已完成项目工作结果进行检验后做出的接受和认可。一旦做出了接受项目质量的决定,就表示一项项目工作或一个项目已经完成并达到了项目质量要求;如果做出不接受的决定,就应要求项目返工和恢复并达到项目质量要求。

(3) 返工

返工是指在项目质量控制中发现某项工作存在着质量问题并且其工作结果无法接受时,所采取的将有缺陷或不符合要求的项目工作结果重新变为符合质量要求的一种工作。返工既是项目质量控制的一个结果,也是项目质量控制的一种工作和方法。

返工的原因一般有 3 个:项目质量计划考虑不周、项目质量保障不力、出现意外变故。

返工所带来的不良后果主要也有 3 个:延误项目进度、增加项目成本、影响项目形象。

有时重大或多次的项目返工会导致整个项目成本突破预算,并且无法在批准工期内完成项目工作。在项目质量管理中返工是最严重的质量后果之一,项目团队应尽力避免返工。

(4) 核检结束清单

核检结束清单也是项目质量控制工作的一个方面。当使用核检清单开展项目质量控制时,已经完成了核检的工作清单记录是项目质量控制报告的一部分。这一项目质量控制工作的结果通常可以作为历史信息使用,以便对下一步项目质量控制所做的调整和改进提供依据与信息。

(5)项目调整和变更

项目调整和变更是项目质量控制的一种阶段性和整体性的结果,它是指根据项目质量控制的结果和面临的问题(一般是比较严重的,或事关全局性的项目质量问题),或者是根据项目各相关利益者提出的项目质量变更请求,对整个项目的过程或活动所采取的调整、变更和纠偏行动。在某些情况下,项目调整和变更是不可避免的。例如,当发生了严重质量问题而无法通过返工修复项目质量时,当发生了重要意外而进行项目变更时,都会出现项目调整的结果。

4.5　软件度量

在软件开发中,利用度量的目的是为了改进软件过程。人们无法管理不能度量的事物。在软件开发的历史中我们可以意识到,在 20 世纪 60 年代末的大型软件所面临的软件危机反映了软件开发中管理的重要性。对于管理层人员来说,没有对软件过程的各个环节的深入了解就无法管理;而没有对见到的事物有适当的度量或适当的准则去判断、评估和决策,也无法进行优秀的管理。我们说软件工程的方法论主要在提供可见度方面下功夫,但仅仅是方法论的提高并不能使其成为工程学科,这就需要使用度量。度量是一种可用于决策的可比较对象。度量对于已知的事物是为了进行跟踪和评估,而对于未知的事物则用于预测。

4.5.1　为什么需要软件度量

判断和衡量代码质量一直是开发过程中令人苦恼的问题,在同样的情况下,如何判别一种写法比另一种写法好呢? 在代码重构的过程中,如何确定代码质量是在不断地改进中呢? 引入一种设计模式以后,代码真的变得比以前好了吗? 大部分时候我们凭感觉和经验做这些事情,我们使用很多模糊的词语来描述我们的判断,比如这样做以后,代码的可维护性更好、可扩展性提高,等等。在越来越注重代码设计的今天,很多人开始使用更感性化甚至形而上学的词语来形容软件质量,比如我们会听到评价软件结构给人带来美的享受等。

不得不承认这些词语的描述确实很符合我们看到一段高质量代码的心境,但是这些新词语的出现并没有帮助我们解决软件质量判定中遇到的问题。因为这些感性的判定,由于每个人的经验不同、经历不同,所得出的结论也不尽相同。众所周知,软件度量能解决这些问题,度量对任意一个工程产品研制都是很重要的,度量让人们更加了解产品,可以评价产品,衡量产品质量,从而进行改进。对于软件产品也一样,只有定性的评估是不够的,还要通过定量的评估才可以从根本上解决评估软件产品质量的问题。

4.5.2　什么是软件度量

如今计算机在我们生活的每个领域几乎都扮演了非常重要的角色,在计算机上运行的软件也越来越重要。因此,可预测、可重复、可准确地控制软件开发过程和软件产品已经变得非常重要。软件度量就是衡量软件品质的一种手段。CMMI 为软件产品及软件过程提供了一套定量的表示和分析模型,即软件度量。因此,软件度量分为软件产品度量和软件过程度量两大部分。

软件产品度量一般由以下 3 部分组成。

(1) 质量要素。其包括功能性、可靠性、易用性、高效性、可维护性、可移植性。

(2) 评价标准。其包括精确、健壮、通信有效、处理有效、设备有效、可操作等。

(3) 度量元。度量元是指软件的需求分析、概要设计、详细设计、编码实现、设置测试、确认测试、使用维护 7 个阶段中的度量元素,比如各阶段的里程碑——文档等。

对于软件过程度量,我们有必要知道应掌握软件开发过程中的什么内容。因为我们需要在通过每一个软件开发过程后,能交付符合该过程需要的结果,即该过程产品及该产品性能是否达到组织的商业目标。为了让这个目标成功,让它在所有过程中的行为在整个管理中可以预测,判断现阶段这个过程设计是否合理,我们不仅仅需要主管和经验丰富的开发人员的经验,还需要定量的数据作为分析、参考,并把每个软件开发过程记录入库,作为今后统计分析的参考数据,这样科学地辅佐开发人员将软件开发过程控制住。

可以通过对整个软件开发过程中的 7 个阶段进行离散分析,得出各阶段中的缺陷的比例,从而判断出哪个阶段的问题最大,并将解决重点放在该阶段。比如,如果在分析阶段缺陷比例最大,而后期依次减小至理想状态,这说明软件开发过程是非常成功的;反之,如果在测试阶段甚至使用阶段缺陷比例很大,很可能说明这个软件开发过程在分析或者构架时就存在很大的问题。

4.5.3 软件度量的对象

从前面的论述中我们知道,任何软件度量活动最想做的是识别我们想度量的实体和实体的属性。在软件中我们想度量其属性的实体可以分为如下 3 类。

(1) 过程:是与软件相关的一些活动,这些活动都有一个时间因素。

(2) 产品:是指在软件开发过程中产生的各种中间产品、发布的资料和文档等。

(3) 资源:是指在开发过程中输入给过程的东西。

在软件中要度量或预测的属性都是上述三种实体之一。同时,我们有必要区分一下外部属性和内部属性:内部属性是能够纯粹用过程或产品或资源来度量的属性。外部属性是指由过程或产品或资源及与其相关的环境共同才能度量的属性。

软件度量主要用于如下几个方面。

(1) 从产品、过程和资源中得来的数字。如每人每月完成的功能点数或代码行等。

(2) 度量的分类。客观度量一般为定量的度量;主观度量一般反映为专家意见。在这些基本度量(直接度量)的基础上,经过计算得到进一步的附加度量(或称推导度量、间接度量等)。

(3) 可识别的属性。

(4) 一个理论或数据驱动的模型。其描述的是一个依赖于独立变量(如大小)函数的可变变量。这种模型通常是用于预测目的的。

4.5.4 软件度量的过程

软件度量工作首先需要确定能够表示软件质量的各种属性和指标,然后分析软件、收集数据,接着运用公式换算代码的各种指标值,最后通过这些指标就可以分析代码的质量。确定哪些属性和指标可以表示软件质量,收集哪些数据,如何用公式推导指标,都是软件度量的研究重点。它所确定的各种软件度量指标为我们了解软件属性、衡量软件质量提供了科学依据。

软件开发过程中不管用哪种软件度量方法,都包括了其基本的软件度量过程。这些过程构成软件度量作业的一次循环,使得软件度量能够经由渐进式的循环得到螺旋式上升。软件度量的基本过程如下。

(1)承诺度量。根据软件开发的技术和管理过程对软件度量的需求,决定并承诺实施软件过程度量,这是具有针对性地推进软件度量的第一步骤,也是高层管理者参与决策并提供相应资源的重要环节。

(2)计划度量。基于软件度量承诺,根据软件开发的技术、管理、流程、绩效、问题等信息制订软件度量计划,在计划中正式确认产品、流程、角色、责任和资源相关问题及属性,为实施软件度量提供书面的、计划性的、具有可行性的、可得到资源支持的保证。

(3)实施度量。根据软件度量计划对软件开发的项目、产品和过程等度量对象实施度量,并通过度量收集、存储、分析有效的软件度量数据,再将度量和分析结果用于控制和改善软件过程。

(4)评估度量。对软件度量过程本身进行评估,对度量标准、度量流程、度量方法、度量对象、度量效用等做出评估,发现度量作业的问题点,总结度量作业的资产,并提出度量作业的改善方案。

(5)改善度量。根据度量作业的改善方案在后续的度量作业中加以实施,将改善方案导入下一次软件度量过程之中。改善并不是水平方向上的简单重复作业,而是基于经验和教训之上的螺旋式上升过程,将软件度量的效用在软件开发过程中展现出来。

4.5.5　软件度量小结

软件度量是对软件开发项目、过程及其产品进行数据定义、收集以及分析的持续性定量化过程,目的在于对此加以理解、预测、评估、控制和改善。没有软件度量,就不能从软件开发的黑暗中跳出来。通过软件度量可以改进软件开发过程,促进项目成功,开发高质量的软件产品。度量取向是软件开发诸多事项的横断面,包括顾客满意度度量、质量度量、项目度量,以及品牌资产度量、知识产权价值度量,等等。度量取向要依靠事实、数据、原理法则,其方法是测试、审核、调查,其工具是统计、图表、数字、模型,其标准是量化的指标。

4.6　软件质量标准体系

4.6.1　ISO 9000 系列

1. ISO 9000 系列质量标准体系介绍

ISO 9000 是指质量管理体系标准,它不是指一个标准,而是一族标准的统称。ISO 9000 是由 TC176(TC176 是指质量管理体系技术委员会)制定的所有国际标准。ISO 9000 是 ISO 发布的 12 000 多个标准中最畅销、最普遍的产品。

ISO(国际标准化组织)和 IAF(国际认可论坛)于 2008 年 8 月 20 日发布联合公报,一致同意平稳转换全球应用最广的质量管理体系标准,实施 ISO 9001:2008 认证。

2000 版 ISO 9000 族标准包括如下一组密切相关的质量管理体系核心标准。

(1) ISO 9000《质量管理体系结构基础和术语》表述质量管理体系基础知识,并规定质量管理体系术语。

(2) ISO 9001《质量管理体系要求》规定质量管理体系要求,用于证实组织具有提供满足顾客要求和适用法规要求的产品的能力,目的在于增加顾客满意度。

(3) ISO 9004《质量管理体系业绩改进指南》提供考虑质量管理体系的有效性和效率两方面的指南。该标准的目的是促进组织业绩改进和使顾客及其他相关方满意。

2. ISO 9000 质量管理的 8 项原则

ISO 9000 质量管理的 8 项质量管理原则已经成为改进组织业绩的框架,其目的在于帮助组织达到持续成功。8 项原则如下。

(1) 以顾客为中心:组织依存于顾客,因此组织应理解顾客当前和未来的需求,满足顾客要求并争取超越顾客期望。

(2) 领导作用:领导者确立本组织统一的宗旨和方向,他们应该创造并保持使员工能充分参与实现组织目标的内部环境。

(3) 全员参与:各级人员是组织之本,只有他们充分参与,才能使组织从他们的才干中获益。

(4) 过程方法:将相关的活动和资源作为过程进行管理,可以更高效地得到期望的结果。

(5) 管理的系统方法:识别、理解和管理作为体系的相互关联的过程,有助于组织实现其目标的效率和有效性。

(6) 持续改进:组织总体业绩的持续改进应是组织的一个永恒的目标。

(7) 基于事实的决策方法:有效决策是建立在数据和信息分析基础之上的。

(8) 与供方互利的关系:组织与其供方是相互依存的,互利的关系可增强双方创造价值的能力。

ISO 9000 体系为项目的质量管理工作提供了一个基础平台,为实现质量管理的系统化、文件化、法制化、规范化奠定基础,它提供了一个组织满足其质量认证标准的基本要求。

4.6.2　全面质量管理

全面质量管理(TQM)是一种全员、全过程、全企业的品质管理,它是一个组织以质量为中心,以全员参与为基础,通过让顾客满意和本组织所有成员及社会受益而达到永续经营的目的。全面质量管理注重顾客需要,强调参与团队工作,并力争形成一种文化,以促进所有的员工设法并持续改进组织所提供产品/服务的质量、工作过程和顾客反应时间等,它由结构、技术、人员和变革推动者 4 个要素组成,只有这 4 个方面全部齐备,才会有全面质量管理这场变革。全面质量管理的 4 个核心特征是:全员参加的质量管理、全过程的质量管理、全面方法的质量管理和全面结果的质量管理。

全员参加的质量管理即要求全部员工,无论是高层管理者还是普通办公职员或一线工人,都要参与质量改进活动。全员参与改进工作质量管理的核心机制,是全面质量管理的主要原则之一。

全过程的质量管理必须在市场调研、产品的选型、研究试验、设计、原料采购、制造、检验、储运、销售、安装、使用和维修等各个环节中都把好质量关。其中,产品的设计过程是全面质量管理的起点,原料采购、生产、检验过程是实现产品质量的重要过程,而产品的质量最终是在市场销售、使用、售后服务的过程中得到评判与认可。

全面方法的质量管理采用科学管理、数理统计、现代电子技术、通信技术等方法进行全面质量管理。

全面结果的质量管理是指对产品质量、工作质量、工程质量和服务质量等进行全面质量管理。

4.6.3 6σ 方法

6σ(读音:六西格玛)由摩托罗拉公司首先提出。摩托罗拉公司在 20 世纪 80 年代将其作为组织开展全面质量管理过程以实现最佳绩效的一种质量理念和方法,摩托罗拉公司由此成为美国波多里奇国家质量奖的首家获得者。

6σ 意为"六倍标准差",在质量上表示为每百万不合格品率(Parts Per Million,PPM)少于 3.4。广义的 6σ 属于管理领域。6σ 管理是在提高顾客满意程度的同时降低经营成本和周期的过程革新方法,它是通过提高组织核心过程的运行质量,进而提升企业营利能力的管理方式,也是在新经济环境下企业获得竞争力和持续发展能力的经营策略。

6σ 管理强调对组织的过程满足顾客要求能力进行量化度量,并在此基础上确定改进目标和寻求改进机会,6σ 专注过程问题是因为如果流程控制不力,会导致结果同样不可控。与解决问题相比,对问题的预防更为重要,把更多的资源投入到预防问题上,就会提高"一次做好"的概率。6σ 管理法是一项以数据为基础、追求完美的质量管理方法。

6σ 管理法的核心是将所有的工作作为一种流程,采用量化的方法分析流程中影响质量的因素,找出最关键的因素加以改进,从而达到更高的客户满意度,即采用 DMAIC(确定、测量、分析、改进、控制)改进方法对组织的关键流程进行改进。而 DMAIC 又由下列 4 个要素构成:最高管理承诺、有关各方参与、培训方案和测量体系。其中有关各方包括组织员工、所有者、供应商和顾客。6σ 管理法是全面质量管理的继承和发展,因此,6σ 管理法为组织带来了一个新的、垂直的质量管理方法体系。

6σ 的优越之处在于从项目实施过程中改进和保证质量,而不是从结果中检验控制质量。这样做不仅减少了检控质量的步骤,而且避免了由此带来的返工成本。更为重要的是,6σ 管理培养了员工的质量意识,并把这种质量意识融入企业文化中。

4.7 本章小结

本章首先介绍了软件质量的定义,软件执行模型,软件质量保证的相关理论;然后对软件质量控制的定义、目的必要性,以及方法技术和依据进行了阐述;最后介绍了软件度量和几种典型的软件质量标准体系。

4.8　练习题

1. 判断题

(1) 软件质量控制是一系列验证活动,在一系列的控制活动中采取有效措施,在软件开发过程的各个监测点上,评估开发出来的阶段性产品是否符合技术规范。　　　　(　　)

(2) ISO 9000 是指质量管理体系标准,它是指一个标准的统称。　　　　　(　　)

(3) 质量控制的目的不能从项目的过程出发。　　　　　　　　　　(　　)

(4) QA 人员的主要工作职责是检验产品的质量,保证产品符合客户的需求。　(　　)

(5) 软件质量控制的 3 大要素是产品、过程和资源,它们需要不断进行调整和检查。

　　　　　　　　　　　　　　　　　　　　　　　　　(　　)

2. 选择题

(1) 以下内容需要进行错误分类统计的是(　　　)。

　　A. 规约不完整或规格说明错误　　　　　B. 未理解用户意图的错误

　　C. 故意偏离规格说明的错误　　　　　　D. 规约描述有歧义

(2) McCall 质量模型不包括的一项是(　　　)。

　　A. 产品启动　　　　B. 产品转移　　　　C. 产品运行　　　　D. 产品修正

(3) 软件质量要素包括(　　　)。

　　A. 功能性　　　　　B. 可靠性　　　　　C. 易用性　　　　　D. 性能

(4) 质量控制中常用的工具有(　　　)。

　　A. 因果分析图　　　B. 控制图　　　　　C. 质量检查表　　　D. 帕累托图

(5) SQA 的项目中正式的技术评审的评审会议一般参与的人数为(　　　)人。

　　A. 10~11　　　　　B. 5~10　　　　　C. 3~5　　　　　D. 5~8

3. 简答题

(1) 软件质量保证包括哪些内容?

(2) 项目质量控制的目的是什么?

第二篇

软件测试实施

第5章 白盒测试

 本章目标

- 掌握逻辑覆盖法设计测试用例。
- 掌握基本路径法设计测试用例。
- 了解程序插装测试方法。
- 了解程序变异测试方法。

白盒测试又称为结构测试或逻辑驱动测试,其作用是全面了解程序内部逻辑结构,并对所有逻辑路径进行测试。白盒测试是穷举路径测试。在使用这一方案时,测试者必须检查程序的内部结构,从检查程序的逻辑着手得出测试数据。贯穿程序的独立路径数是天文数字,即使每条路径都测试了仍然可能有错误。因为:①穷举路径测试绝不能查出程序违反了设计规范,即程序本身是个错误的程序;②穷举路径测试不可能查出程序中因遗漏路径而出错;③穷举路径测试可能发现不了一些与数据相关的错误。

5.1 逻辑覆盖法

以下面这段程序为例,来讲解如何用逻辑覆盖法设计测试用例。

```
int fun(int x,int y)
{
    if((x>=80)&&(y>=80))
    else if ((x+y>=140)&&(x>=80||y>=80))
    {x=x+10;}
    else {x=x-10;}
    return x;
}
```

先画出相应的程序流程图,如图 5-1 所示。

1. 语句覆盖

(1) 主要特点

语句覆盖是最起码的结构覆盖要求,语句覆盖要求设计足够多的测试用例,使得程序中每条语句至少被执行一次。

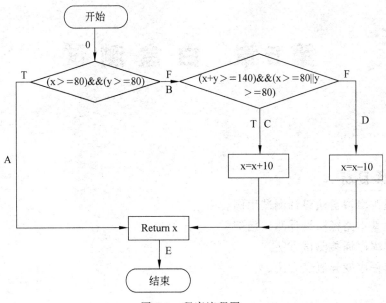

图 5-1　程序流程图

（2）用例设计

用例设计表格如表 5-1 所示。

表 5-1　语句覆盖法

序号	输 入 数 据	预 期 输 出	覆 盖 语 句	路　　径
1	X＝50,Y＝50	X＝40	X＝X－10	OBDE
2	X＝90,Y＝70	X＝100	X＝X＋10	OBCE

（3）优点

可以很直观地从源代码得到测试用例,无须细分每条判定表达式。

（4）缺点

由于这种测试方法仅仅针对程序逻辑中显式存在的语句,但对于隐藏的条件和可能到达的隐式逻辑分支是无法测试的。在本例中第一个判定式为真分支没有执行语句,那么就少了一条测试路径。在 if 结构中若源代码没有给出 else 后面的执行分支,那么语句覆盖测试就不会考虑这种情况。但是我们不能排除这种以外的分支不会被执行,而往往这种错误会经常出现。再如,在 do-while 结构中,语句覆盖执行其中某一个条件分支,那么显然语句覆盖对于多分支的逻辑运算是无法完全满足要求的,它只在乎运行一次,而不考虑其他情况。

2. 判定覆盖

（1）主要特点

判定覆盖又称为分支覆盖,它要求设计足够多的测试用例,使得程序中每个判定至少有一次为真值,有一次为假值,即程序中的每个分支至少执行一次。每个判断的取真、取假至少执行一次。

（2）用例设计

用例设计表格如表 5-2 所示。Y1 表示第一个判定式取值为真,N1 表示第一个判定式取值为假。

表 5-2 判定覆盖法

序号	输 入 数 据	预 期 输 出	覆 盖 判 定	路 径
1	X＝90,Y＝90	X＝90	Y1	OAE
2	X＝50,Y＝50	X＝40	N1N2	OBDE
3	X＝90,Y＝70	X＝100	N1Y2	OBCE

（3）优点

判定覆盖比语句覆盖要多几乎一倍的测试路径,当然也就具有比语句覆盖更强的测试能力。同样判定覆盖也具有和语句覆盖一样的简单性,无须细分每个判定就可以得到测试用例。

（4）缺点

往往大部分的判定语句是由多个逻辑条件组合而成(如判定语句中包含 and、or、case)。若仅仅判断其整个最终结果,而忽略每个条件的取值情况,必然会遗漏部分测试路径。

3. 条件覆盖

（1）主要特点

条件覆盖要求设计足够多的测试用例,使得判定中的每个条件获得各种可能的结果,即每个条件至少有一次为真值,有一次为假值。

（2）用例设计

用例设计表格如表 5-3 所示。T1 表示第一个条件表达式取值为真,T2 表示第一个条件表达式取值为假。

表 5-3 条件覆盖法

序号	输 入 数 据	预 期 输 出	条 件 取 值	路 径
1	X＝90,Y＝70	X＝100	T1F2T3T4	OBCE
2	X＝40,Y＝90	X＝30	F1T2F3F4	OBDE

（3）优点

显然条件覆盖比判定覆盖增加了对符合判定情况的测试,增加了测试路径。

（4）缺点

要达到条件覆盖,需要足够多的测试用例,但条件覆盖并不能保证判定覆盖。条件覆盖只能保证每个条件至少有一次为真,而不考虑所有的判定结果。

4. 判定/条件覆盖

（1）主要特点

设计足够多的测试用例,使得判定中每个条件的所有可能结果至少出现一次,每个判定本身所有可能结果也至少出现一次。

（2）用例设计

用例设计表格如表 5-4 所示。

表 5-4 判定/条件覆盖法

序号	输入数据	预期输出	判定取值	条件取值	路　径
1	X＝90,Y＝90	X＝90	Y1	T1T2	OAE
2	X＝50,Y＝50	X＝40	N1N2	F1F2F3F4	OBDE
3	X＝90,Y＝70	X＝100	N1Y2	T1F2T3T4	OBCE

（3）优点

判定/条件覆盖满足判定覆盖准则和条件覆盖准则,弥补了二者的不足。

（4）缺点

判定/条件覆盖准则的缺点是未考虑条件的组合情况。

5. 组合覆盖

（1）主要特点

要求设计足够多的测试用例,使得每个判定中条件结果的所有可能组合至少出现一次。

（2）用例设计

用例设计表格如表 5-5 所示。

表 5-5 组合覆盖法

序号	输入数据	预期输出	条件取值	路　径
1	X＝90,Y＝90	X＝90	T1T2T3T4	OAE
2	X＝85,Y＝85	X＝85	T1T2T3F4	OAE
3	X＝?,Y＝?	?	T1T2F3T4	OAE
4	X＝?,Y＝?	?	T1T2F3F4	OAE
5	X＝90,Y＝70	X＝100	T1F2T3T4	OBCE
6	X＝80,Y＝70	X＝70	T1F2T3F4	OBDE
7	X＝90,Y＝30	X＝80	T1F2F3T4	OBDE
8	X＝85,Y＝20	X＝75	T1F2F3F4	OBDE
9	X＝70,Y＝70	X＝80	F1T2T3T4	OBCE
10	X＝60,Y＝85	X＝50	F1T2T3F4	OBDE
11	X＝30,Y＝90	X＝20	F1T2F3T4	OBDE
12	X＝20,Y＝85	X＝10	F1T2F3F4	OBDE
13	X＝?,Y＝?	?	F1F2T3T4	OBCE
14	X＝70,Y＝70	X＝60	F1F2T3F4	OBDE
15	X＝?,Y＝?	?	F1F2F3T4	OBDE
16	X＝50,Y＝50	X＝40	F1F2F3F4	OBDE

（3）优点

多重条件覆盖准则满足判定覆盖、条件覆盖和判定/条件覆盖准则。更改的判定/条件覆盖要求设计足够多的测试用例,使得判定中每个条件的所有可能结果至少出现一次,每个判定本身的所有可能结果也至少出现一次,并且每个条件都能单独影响判定结果。

（4）缺点

线性地增加了测试用例的数量。

6. 路径覆盖

（1）主要特点

设计足够的测试用例，覆盖程序中所有可能的路径。

（2）用例设计

用例设计表格如表 5-6 所示。

表 5-6　路径覆盖法

序号	输入数据	预期输出	路　径
1	X＝90,Y＝90	X＝90	OAE
2	X＝50,Y＝50	X＝40	OBDE
3	X＝90,Y＝70	X＝100	OBCE

（3）优点

这种测试方法可以对程序进行彻底的测试，比前面 5 种的覆盖面都广。

（4）缺点

由于路径覆盖需要对所有可能的路径进行测试（包括循环、条件组合、分支选择等），那么需要设计大量、复杂的测试用例，使得工作量呈指数级增长。在有些情况下，一些执行路径是不可能被执行的，如

```
if(!A)B++;
    else D--;
```

这两个语句实际上只包括了两条执行路径，即 A 为真或假时对 B 和 D 的处理。真或假不可能都存在，而路径覆盖测试则认为是包含了真与假的 4 条执行路径。这样不仅降低了测试效率，而且大量的测试结果的累积也为排错带来麻烦。

5.2　基本路径分析法

基本路径测试法是在程序控制流图的基础上，通过分析控制构造的环路复杂性，导出基本可执行路径集合，从而设计测试用例的方法。设计出的测试用例要保证在测试中程序的语句覆盖为 100%，条件覆盖为 100%。在程序控制流图的基础上，通过分析控制构造的环路复杂性，导出基本可执行路径集合，从而设计测试用例。基本路径分析法包括 4 个步骤和 1 个工具方法。

1. 4 个步骤

（1）程序的控制流图：描述程序控制流的一种图示方法。

（2）程序圈复杂度：McCabe 复杂性度量。从程序的环路复杂性可导出程序基本路径集合中的独立路径条数，这是确定程序中每个可执行语句至少执行一次所必需的测试用例数目的上界。

（3）导出测试用例：根据圈复杂度和程序结构设计用例数据输入并预期结果。

（4）准备测试用例：确保基本路径集中的每一条路径的执行。

2. 工具方法

（1）图形矩阵：这是在基本路径测试中起辅助作用的软件工具,利用它可以自动地确定一个基本路径集。

（2）程序的控制流图：描述程序控制流的一种图示方法。圆圈称为控制流图的一个节点,表示一个或多个无分支的语句或源程序语句;箭头称为边或连接,代表控制流。程序基本结构的控制流图如图5-2所示。

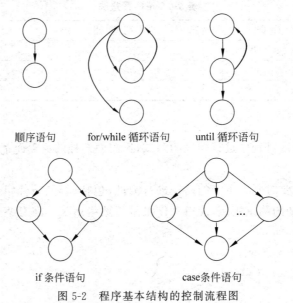

图 5-2　程序基本结构的控制流程图

根据程序流程图画出的控制流程图如图5-3所示。

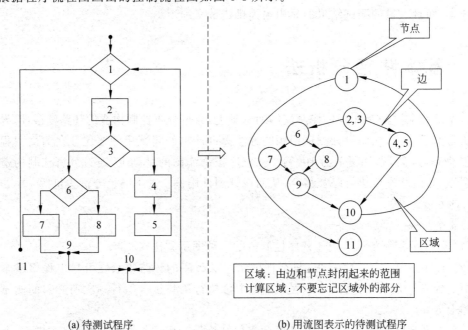

(a) 待测试程序　　　　　　　　(b) 用流图表示的待测试程序

图 5-3　程序流程图转到控制流程图

在将程序流程图简化成控制流程图时应注意：

（1）在选择结构或多分支结构中，分支的汇聚处应有一个会聚节点。

（2）边和节点限定的范围叫作区域。当对区域计数时，图形外的区域也应计算在内。

（3）如果判断中的条件表达式是由一个或多个逻辑运算符（or、and、nand、nor）连接的复合条件表达式，则需要改为一系列只有单条件的嵌套的判断。

3. 基本路径测试法的步骤

（1）画出控制流程图

控制流程图用来描述程序的控制结构。可将程序流程图映射到一个相应的控制流程图（假设程序流程图的菱形决策框中不包含复合条件）。在控制流程图中，每一个圆称为控制流程图的节点，代表一个或多个语句。一个处理方框序列和一个菱形决策框可被映射为一个控制流程图的节点，控制流程图的箭头称为边或连接，代表控制流，类似于程序流程图中的箭头。一条边必须终止于一个节点，即使该节点并不代表任何语句（例如 if-else-then 结构）。

【实例】　下面的 C 函数用基本路径测试法进行测试。

```
1   void sort(int iRecordNum,int iType)
2   {
3       int x=0;
4       int y=0;
5       while(iRecordNum>0)
6       {
7           if(0==iType)
8               {x=y+2;break;}
9           else
10              if(1==iType)
11                  x=y+10;
12              else
13                  x=y+20;
14      iRecordNum--;
15      }
16  }
```

该程序对应的程序流程图和对应的控制流程图如图 5-4 所示。

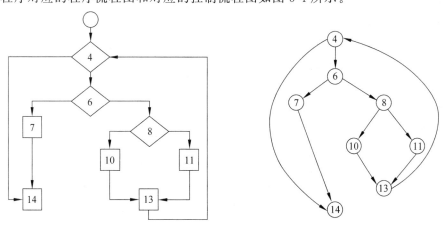

图 5-4　实例程序流程图和控制流程图

（2）计算圈复杂度

圈复杂度是一种为程序逻辑复杂性提供定量测度的软件度量,将该度量用于计算程序的基本的独立路径数目,为确保所有语句至少执行一次的测试数量的上界。独立路径必须包含一条在定义之前不曾用到的边。

有如下 3 种方法计算圈复杂度。

① 流图中区域的数量对应于环形的复杂性。

② 给定流图 G 的圈复杂度 $V(G)$ 定义为：$V(G)=E-N+2$。E 是流图中边的数量,N 是流图中节点的数量。

③ 给定流图 G 的圈复杂度 $V(G)$ 定义为：$V(G)=P+1$。P 是流图 G 中判定节点的数量。

对图 5-4 中的圈复杂度的计算如下。

① 流图中有 4 个区域。

② $V(G)=10$ 条边 -8 节点 $+2=4$。

③ $V(G)=3$ 个判定节点 $+1=4$。

（3）导出测试用例

根据上面的计算方法,可得出 4 个独立的路径。一条独立路径是指和其他的独立路径相比,至少引入一个新处理语句或一个新判断的程序通路。$V(G)$ 值正好等于该程序的独立路径的条数。

- 路径 1：4-14
- 路径 2：4-6-7-14
- 路径 3：4-6-8-10-13-4-14
- 路径 4：4-6-8-11-13-4-14

根据上面的独立路径,去设计输入数据,使程序分别执行到上面 4 条路径。

（4）准备测试用例

为了确保基本路径集中的每一条路径的执行,根据判定节点给出的条件,选择适当的数据以保证某一条路径可以被测试到,满足上面例子基本路径集的测试用例如下。

- 路径 1：4-14

  输入数据：iRecordNum＝0,或者取 iRecordNum＜0 的某一个值

  预期结果：x＝0

- 路径 2：4-6-7-14

  输入数据：iRecordNum＝1,iType＝0

  预期结果：x＝2

- 路径 3：4-6-8-10-13-4-14

  输入数据：iRecordNum＝1,iType＝1

  预期结果：x＝10

- 路径 4：4-6-8-11-13-4-14

  输入数据：iRecordNum＝1,iType＝2

  预期结果：x＝20

5.3 程序插装

程序插装(Program Instrumentation)是一种基本的测试手段,在软件测试中有着广泛的应用。程序插装方法简单地说是借助向被测程序中插入相关操作来实现测试的目的。

我们在调试程序时,常常要在程序中插入一些打印语句,其目的在于,希望执行程序时,打印出我们最为关心的信息,并进一步通过这些信息了解执行过程中程序的一些动态特性。比如,程序的实际执行路径,或是特定变量在特定时刻的取值。从这一思想发展出的程序插装技术能够按用户的要求获取程序的各种信息,并成为测试工作的有效手段。

如果我们想要了解一个程序在某次运行中所有可执行语句被覆盖(或称为被经历)的情况,或是每个语句的实际执行次数,最好的办法是利用插装技术。这里仅以计算整数 X 和整数 Y 的最大公约数程序为例,说明插装方法的要点。图 5-5 给出了这一程序的流程图。图中关于 $C(i)$ 的语句并不是原来程序的内容,而是为了记录语句执行次数而插入的。这些语句要完成的操作都是计数语句,其形式为:$C(i)=C(i)+1,i=1,2,\cdots,6$。

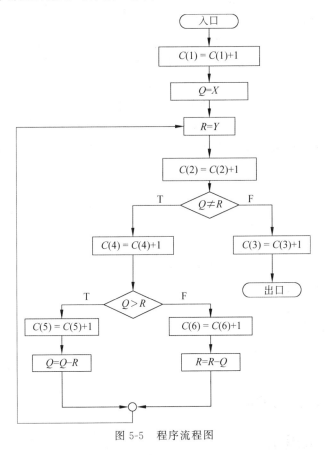

图 5-5 程序流程图

程序从入口开始执行,到出口结束。凡经历的计数语句都能记录下该程序点的执行次数。如果我们在程序的入口处还插入了对计数器 $C(i)$ 初始化的语句,在出口处插入了打印这些计数器的语句,就构成了完整的插装程序,它便能记录并输出在各程序点上语句的实际执行次数。图 5-6 表示了插装后的程序,图中箭头所指均为插入的语句(原程序的语句已略去)。通过插入的语句获取程序执行中的动态信息,这一做法与在刚研制成的机器特定部位安装记录仪表是一样的。安装好以后开动机器试运行,我们除了可以从机器加工的成品检验得知机器的运行特性外,还可以通过记录仪表了解其动态特性。这就相当于在运行程序以后,一方面可以检验测试的结果数据,另一方面还可以借助插入语句给出的信息了解程序的执行特性。正是由于这个原因,有时把插入的语句称为"探测器",借以实现"探查"或"监控"的功能。

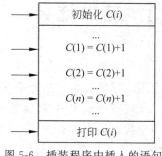

图 5-6　插装程序中插入的语句

在程序的特定部位插入记录动态特性的语句,最终是为了把程序执行过程中发生的一些重要历史事件记录下来。例如,记录在程序执行过程中某些变量值的变化情况、变化的范围等。又如本书第 2 章中所讨论的程序逻辑覆盖情况,也只有通过程序的插装才能取得覆盖信息。实践表明,程序插装方法是应用很广的技术,特别是在完成程序的测试和调试时非常有效。

设计程序插装时需要考虑的问题包括:探测哪些信息;在程序的什么部位设置探测点;需要设置多少个探测点。

其中前两个问题需要结合具体课题解决,并不能给出笼统的回答。至于第三个问题,需要考虑如何设置最少探测点的方案。例如,图 5-5 中程序入口处,若要记录语句 $Q=X$ 和 $R=Y$ 的执行次数,只需插入 $C(1)=C(1)+1$ 这样一条计数语句就够了,没有必要在每条语句之后都插入一条计数语句。在一般的情况下,我们可以认为,在没有分支的程序段中只需一条计数语句。但程序中由于出现多种控制结构,使得整个结构十分复杂。为了在程序中设计最少的计数语句,需要针对程序的控制结构进行具体的分析。这里以 FORTRAN 程序为例,列举至少应在以下部位设置计数语句。

(1) 程序块的第一个可执行语句之前。

(2) ENTRY 语句的前后。

(3) 有标号的可执行语句处。

(4) do、do while、do until 及 do 终端语句之后。

(5) block-if、else if、else 及 end if 语句之后。

(6) logical if 语句处。

(7) 输入/输出语句之后。

(8) call 语句之后。

(9) 计算 go to 语句之后。

5.4　程序变异测试

5.4.1　变异测试理论

变异测试(Mutation Testing)(有时也称为变异分析)是一种在细节方面改进程序源代码的软件测试方法。这些所谓的变异,是基于良好定义的变异操作,这些操作或者是模拟典型应用错误(如使用错误的操作符或者变量名字),或者是强制产生有效的测试(如使得每个表达式都等于 0),目的是帮助测试者发现有效地测试,或者定位测试数据的弱点,或者是在执行中很少(或从不)使用的代码的弱点。

例如,考虑项目的 C++ 代码片段:

```cpp
if (a && b)
    c =1;
else
    c =0;
```

条件编译操作可以用"‖"来替换"&&",会产生下面的突变:

```cpp
if (a || b)
    c =1;
else
    c =0;
```

现在为了使测试杀死这个突变,需要满足以下条件:

(1)测试输入数据必须对突变和原始创新引起不同的程序状态。例如,一个测试"a = 1,b = 0"可以达到这个目的。

(2)c 的值应该传播到程序输出并被测试检查。

弱的变异测试只要求满足上面第一个条件,而强的变异测试则要求满足上面两个条件。强变异更有效,因此它保证测试单元可以真实地捕捉错误。弱变异近似于代码覆盖方法,它只需较少的计算能力来保证测试单元满足弱变异测试即可。

变异测试旨在找出有效的测试用例,发现程序中真正的错误。在一个工程中,潜在 bug 的数量是巨大的,通过生成突变体来全面覆盖所有的错误是不可能的,所以,传统的变异测试旨在寻找这些错误的子集,能尽量充分地近似描述这些 bug。这个理论基于两条假设:CPH(Competent Programmer Hypothesis,胜任程序员假设)和 CE(Coupling Effect,耦合效应)。

CPH 是指假设编程人员是有能力的,他们尽力去更好地开发程序,达到正确可行的结果,而不是搞破坏,它关注的是程序员的行为和意图。而 CE 更加关注在变异测试中错误的类别。一个简单错误的产生往往是由于一个单一的变异(例如句法错误),而一个庞大复杂的错误往往是由于多处变异所导致的。复杂变异体往往是由诸多简单变异体组合而成。

5.4.2　变异测试流程

变异测试流程如图 5-7 所示。在变异测试中,对于被测程序 p,设定一个测试用例集合 T。首先根据被测程序特征设定一系列变异算子;随后通过在原有程序 p 上执行变异算子生成大量变异体;接着从大量变异体中识别出等价变异体;然后在剩余的非等价变异体上执行测试用例集 T 中的测试用例,若可以检测出所有非等价变异体,则变异测试分析结束,否则对未检测出的变异体需要额外设计新的测试用例,并添加到测试用例集 T 中。

基于上述传统变异测试分析流程,对其中的基本概念依次定义如下。

【定义 1(变异算子)】　在符合语法规则的前提下,变异算子定义了从原有程序生成差

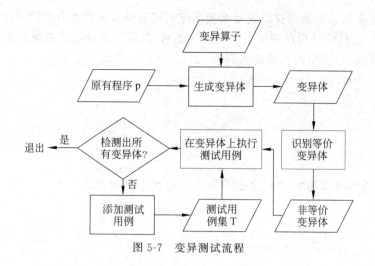

图 5-7　变异测试流程

别极小程序(即变异体)的转换规则。表 5-7 给出了一个典型的变异算子,该变异算子将
"+"操作符变异为"-"操作符。选择被测程序 p 中的条件表达式 a+b>c 执行该变异算子,将得到条件表达式 a-b>c,并生成变异体 p'。

表 5-7　一个典型的变异算子

程序 p	变异体 p'
...	...
if(a+b>c)	if(a-b>c)
return true	return true
...	...

Offutt 和 King 在已有研究工作的基础上,于 1987 年针对 FORTRAN 77 首次定义了 22 种变异算子,这些变异算子的简称和描述如表 5-8 所示。

表 5-8　变异算子

序号	变异算子	描　述	序号	变异算子	描　述
1	AAR	用一数组引用替代另一数组引用	12	GLR	GOTO 标签替代
2	ABS	插入绝对值符号	13	LCR	逻辑运算符替代
3	ACR	用数组引用替代常量	14	ROR	关系运算符替代
4	AOR	算术运算符替代	15	RSR	RETURN 语句替代
5	ASR	用数组引用替代变量	16	SAN	语句分析
6	CAR	用常量替代数组引用	17	SAR	用变量替代数组引用
7	CNR	数组名替代	18	SCR	用变量替代常量
8	CRP	常量替代	19	SDL	语句删除
9	CSR	用常量替代变量	20	SRC	源常量替代
10	DER	DO 语句修改	21	SVR	变量体大
11	DSA	DATA 语句修改	22	UOI	插入一元 CAN 操作符

这 22 种变异算子的设定为随后其他编程语言变异算子的设定提供了重要的指导依据。在完成变异算子的设计后,通过在原有被测程序上执行变异算子可以生成大量变异体 M。在变异测试中,变异体一般被视为含缺陷程序。根据执行变异算子的次数,可以将变异体分为一阶变异体和高阶变异体,并分别定义如下。

【定义 2(一阶变异体)】　在原有程序 p 上执行单一变异算子并形成变异体 p',则称 p' 为 p 的一阶变异体。

【定义 3(高阶变异体)】　在原有程序 p 上依次执行多次变异算子并形成变异体 p',则称 p' 为 p 的高阶变异体。若在 p 上依次执行 k 次变异算子并形成变异体 p',则称 p' 为 p 的 k 阶变异体。高阶变异体实例如图 5-8 所示。

输入:a, x, y
1.　$z = x;$
2.　$z = z+y;$
3.　if $(a>0)$
4.　return $z;$
5.　else
6.　return $2*x+z;$

测试用例	$a=1$	$a=-1$
原有程序	$x+y$	$3x+y$
变异体 1	$x+y+1$	$3x+y+3$
变异体 2	$x+y-1$	$3x+y-1$
变异体 12	$x+y$	$3x+y+2$

(1) 变异体 1(一阶变异体):
　　将第一行变异为 $z=++x$
(2) 变异体 2(一阶变异体):
　　将第二行变异为 $z=z+--y$
(3) 变异体 12(二阶变异体):
　　合并变异体 1 和变异体 2
(4) 两个测试用例:
　　① $a=1$;② $a=-1$

图 5-8　高阶变异体实例

【定义 4(可清除变异体)】　若存在测试用例 t,在变异体 p' 和原有程序 p 上的执行结果不一致,则称该变异体 p' 相对于测试用例集 T 是可清除变异体。

【定义 5(可存活变异体)】　若不存在任何测试用例 t,在变异体 p' 和原有程序 p 上的执行结果不一致,则称该变异体 p' 相对于测试用例集 T 是可存活变异体。一部分可存活变异体通过设计新的测试用例可以转化成可清除变异体,剩余的可存活变异体则可能是等价变异体。

本文对等价变异体的定义如下。

【定义 6(等价变异体)】　若变异体 p' 与原有程序 p 在语法上存在差异,但在语义上与 p 保持一致,则称 p' 是 p 的等价变异体。等价变异体实例如表 5-9 所示。

表 5-9　等价变异体实例

程序 p	变异体 p'
for(int i＝0;i＜10;i＋＋){sum＋＝a[i];}	for(int i＝0;i!＝10;i＋＋){sum＋＝a[i];}

5.4.3　等价变异体检测

等价变异体检测是一个不可判定问题,因此需要测试人员借助手工方式予以完成。等价变异体在语法层次上有微小的差别,但是在语义层次上是一致的。有研究人员发现,在生成的大量变异体中,等价变异体所占比例一般介于 10％～40％。在等价变异体的检测上主要有如下两类方法。

(1) 等价变异体静态检测法。该方法基于如下猜测:源代码在编译时借助优化规则可以生成语义等价代码。

（2）等价变异体动态检测法。有人提出一种基于遗传算法的协作演化法(即测试用例和变异体同时进行演化)来检测可能的等价变异体。他们通过设置合理的适应值函数,确保当变异体是等价变异体时,该函数可以返回一个很小的适应值。基于该适应值函数,群体在演化过程中可以有效淘汰部分等价变异体,同时将那些难以检测的变异体和检测能力强的测试用例均保留下来。

5.4.4　变异体选择优化

变异体选择优化策略主要关注如何从生成的大量变异体中选择出典型变异体。

1. 随机选择法

随机选择法尝试从生成的大量变异体中随机选择出部分变异体。具体来说,首先通过执行变异算子生成大量变异体 M;然后定义选择比例 x;最后从变异体 M 中随机选择出 $|M|'x\%$ 的变异体,剩余未被选择的变异体则被丢弃。

2. 聚类选择法

具体来说,首先对被测程序 p 应用变异算子生成所有的一阶变异体;然后选择某一聚类算法,并根据测试用例的检测能力对所有变异体进行聚类分析,使得每个聚类内的变异体可以被相似测试用例检测到;最后从每个聚类中选择出典型变异体,而其他变异体则被丢弃。

3. 变异算子选择法

与上述两类方法不同,这类方法从变异算子选择角度出发,希望在不影响变异评分的前提下,通过对变异算子进行约简来大规模缩小变异体数量,从而减小变异测试和分析开销。结果表明,变异算子选择法相对于随机选择法来说并不存在明显优势,随机选择法值得研究人员继续深入研究。

4. 高阶变异体优化法

高阶变异体优化法基于如下推测。

（1）执行一个 k 阶变异体相当于一次执行 k 个一阶变异体。

（2）高阶变异体中等价变异体的出现概率较小。实证研究表明,采用二阶变异体可以有效减少 50% 的测试开销,但却不会显著降低测试的有效性。

5.5　本章小结

本章主要介绍了白盒测试的方法定义、逻辑覆盖、路径覆盖、程序插装以及程序变异测试等方法。白盒测试是依据软件设计说明书进行测试,对程序内部细节的严密检验,针对特定条件设计测试用例,对软件的逻辑路径进行覆盖测试。白盒测试的目的是通过检查软件内部的逻辑结构,对软件中的逻辑路径进行覆盖测试;在程序不同地方设立检查点,检查程序的状态,以确定实际运行状态与预期状态是否一致。

5.6　练习题

1. 选择题

（1）以下属于白盒测试方法的选项是（　　　）。

    A. 测试用例覆盖　　　B. 输入覆盖　　　　　C. 输出覆盖　　　　　　D. 分支覆盖

    E. 语句覆盖　　　　　F. 条件覆盖

（2）测试设计员的职责有（　　　）。

    A. 制订测试计划　　　　　　　　　　　B. 设计测试用例

    C. 设计测试过程、脚本　　　　　　　　D. 评估测试活动

（3）测试用例包括（　　　）。

    A. 标识符　　　　　　　　　　　　　　B. 要测试的特性、方法

    C. 测试用例信息　　　　　　　　　　　D. 通过规则/规则失败

2. 填空题

（1）单元测试主要采用_____技术，辅之以_____技术，使之对任何合理和不合理的输入都能鉴别和响应。

（2）_____是一种为程序逻辑复杂性提供定量测度的软件度量，将该度量用于计算程序的基本的_____，为确保所有语句至少执行一次的测试数量的_____。

（3）基本的逻辑结构有 3 种：_____、_____、_____。

3. 设计题

对下列 C 语言程序设计逻辑覆盖测试用例。

```
if (x>100&& y>500) then
    score=score+1
if (x>=1000|| z>5000) then
    score=score+5
```

第6章 黑盒测试

 本章目标

- 掌握等价类和边界值法设计测试用例。
- 掌握决策表和因果图法设计测试用例。
- 熟悉场景图法设计测试用例。
- 了解功能图法、正交实验法。

　　黑盒测试又称为功能测试，它是通过测试来检测每个功能是否都能正常使用。在测试中，把程序看作一个不能打开的黑盒子，在完全不考虑程序内部结构和内部特性的情况下，在程序接口进行测试，它只检查程序功能是否按照需求规格说明书的规定正常使用，程序是否能适当地接收输入数据而产生正确的输出信息。黑盒测试着眼于程序外部结构，不考虑内部逻辑结构，主要针对软件界面和软件功能进行测试，也是作为测试人员以后从事测试工作的基础和重点。由此可见黑盒测试在软件测试中是多么重要。那么，什么是黑盒测试？黑盒测试的方法有哪些？如何进行黑盒测试？下面分别予以介绍。

6.1 等价类划分法

　　等价类划分是一种典型的黑盒测试方法，用这一方法设计测试用例完全不考虑程序的内部结构，只根据对程序的需求和说明，即需求规格说明书。由于穷举测试工作量太大，以至于无法实际完成，促使我们在大量的可能数据中选取其中的一部分作为测试用例。

　　等价类划分法是把程序的输入域划分成若干部分，然后从每个部分中选取少数代表性数据当作测试用例。每一类的代表性数据在测试中的作用等价于这一类中的其他值，也就是说，如果某一类中的一个例子发现了错误，这一等价类中的其他例子也能发现同样的错误；反之，如果某一类中的一个例子没有发现错误，则这一类中的其他例子也不会查出错误。使用这一方法设计测试用例，首先必须在分析需求规格说明的基础上划分等价类，列出等价类表。

　　划分等价类的原则如下。

　　(1) 按区间划分。

　　(2) 按数值划分。

　　(3) 按数值集合划分。

（4）按限制条件或规则划分。

可以把全部输入数据合理划分为若干等价类，在每一个等价类中取一个数据作为测试的输入条件，就可以用少量代表性的测试数据取得较好的测试结果。

等价类划分有如下两种不同的情况。

（1）有效等价类：是指对于程序的规格说明来说是合理的、有意义的输入数据构成的集合。利用有效等价类可检验程序是否实现了规格说明中所规定的功能和性能。

（2）无效等价类：与有效等价类的定义恰巧相反。

设计测试用例时，要同时考虑这两种等价类。因为软件不仅要能接收合理的数据，也要能经受意外的考验。这样的测试才能确保软件具有更高的可靠性。

（1）在输入条件规定了取值范围或值的个数的情况下，则可以确立一个有效等价类和两个无效等价类。

（2）在输入条件规定了输入值的集合或者规定了"必须如何"条件的情况下，可以确立一个有效等价类和一个无效等价类。

（3）在输入条件是一个布尔量的情况下，可确定一个有效等价类和一个无效等价类。

（4）在规定了输入数据的一组值（假定 n 个），并且程序要对每一个输入值分别处理的情况下，可确立 n 个有效等价类和一个无效等价类。

（5）在规定了输入数据必须遵守的规则的情况下，可确立一个有效等价类（符合规则）和若干个无效等价类（从不同角度违反规则）。

（6）在确知已划分的等价类中各元素在程序处理中的方式不同的情况下，则应再将该等价类进一步地划分为更小的等价类。

在确立了等价类之后，建立等价类表，列出所有划分出的等价类，如表 6-1 所示。

表 6-1　等价类表

输入条件	有效等价类编号	有效等价类	无效等价类编号	无效等价类
…	…	…	…	…

根据已列出的等价类表，按以下步骤确定测试用例。

（1）为每个等价类规定一个唯一的编号。

（2）设计一个新的测试用例，使其尽可能多地覆盖尚未覆盖的有效等价类。重复这一步，最后使得所有有效等价类均被测试用例所覆盖。

（3）设计一个新的测试用例，使其只覆盖一个无效等价类。重复这一步使所有无效等价类均被覆盖。

根据下面给出的规格说明，利用等价类划分的方法，给出足够的测试用例。

一个程序读入 3 个整数，把这 3 个数值看作一个三角形的 3 条边的长度值。这个程序要打印出信息，说明这个三角形是不等边的、等腰的还是等边的。

我们可以设三角形的 3 条边分别为 A、B、C，如果它们能够构成三角形的 3 条边，必须满足的条件为：A>0、B>0、C>0，且 A+B>C、B+C>A、A+C>B。

如果是等腰的，还要判断 A=B，或 B=C，或 A=C。

如果是等边的，则需判断是否 A=B、B=C 且 A=C。

三角形等价类如表 6-2 所示，测试用例如表 6-3 所示。

表 6-2　三角形等价类表

输入条件	有效等价类编号	有效等价类	无效等价类编号	无效等价类
是否是三角形的三条边	(1) (2) (3) (4) (5) (6)	$(A>0)$ $(B>0)$ $(C>0)$ $(A+B>C)$ $(B+C>A)$ $(A+C>B)$	(7) (8) (9) (10) (11) (12)	$(A\leqslant0)$ $(B\leqslant0)$ $(C\leqslant0)$ $(A+B\leqslant C)$ $(B+C\leqslant A)$ $(A+C\leqslant B)$
是否是等腰三角形	(13) (14) (15)	$(A=B)$ $(B=C)$ $(C=A)$	(16)	$(A\neq B)$ and $(B\neq C)$ and$(C\neq A)$
是否是等边三角形	(17)	$(A=B)$and$(B=C)$ and$(C=A)$	(18) (19) (20)	$(A\neq B)$ $(B\neq C)$ $(C\neq A)$

表 6-3　三角形等价类划分测试用例

序号	【A,B,C】	覆盖等价类	输　　出
1	【3,4,5】	(1),(2),(3),(4),(5),(6)	一般三角形
2	【0,1,2】	(7)	
3	【1,0,2】	(8)	
4	【1,2,0】	(9)	不能构成三角形
5	【1,2,3】	(10)	
6	【1,3,2】	(11)	
7	【3,1,2】	(12)	
8	【3,3,4】	(1),(2),(3),(4),(5),(6),(13)	
9	【3,4,4】	(1),(2),(3),(4),(5),(6),(14)	等腰三角形
10	【3,4,3】	(1),(2),(3),(4),(5),(6),(15)	
11	【3,4,5】	(1),(2),(3),(4),(5),(6),(16)	非等腰三角形
12	【3,3,3】	(1),(2),(3),(4),(5),(6),(17)	等边三角形
13	【3,4,4】	(1),(2),(3),(4),(5),(6),(14),(18)	
14	【3,4,3】	(1),(2),(3),(4),(5),(6),(15),(19)	非等边三角形
15	【3,3,4】	(1),(2),(3),(4),(5),(6),(13),(20)	

6.2　边界值法

由测试工作的经验得知,大量的错误是发生在输入或输出范围的边界上,而不是在输入范围的内部。因此,针对各种边界情况设计测试用例,可以查出更多的错误。

边界值分析是一种补充等价划分的测试用例设计技术,它不是选择等价类的任意元素,而是选择等价类边界的测试用例。实践证明,为检验边界附近的处理专门设计测试用例,常常会取得良好的测试效果。

对边界值设计测试用例,应遵循如下几条原则。

(1) 如果输入条件规定了值的范围,则应取刚达到这个范围的边界的值,以及刚刚超越这个范围边界的值作为测试输入数据。

(2) 如果输入条件规定了值的个数,则用最大个数、最小个数、比最小个数少 1、比最大个数多 1 的数作为测试数据。

(3) 如果程序的规格说明给出的输入域或输出域是有序集合,则应选取集合的第一个元素和最后一个元素作为测试用例。

(4) 如果程序中使用了一个内部数据结构,则应当选择这个内部数据结构的边界上的值作为测试用例。

分析规格说明,找出其他可能的边界条件。

标准边界值分析:

min　min+　nom　　max−　　max

健壮边界值分析:

min−（min　min+　nom　　max−　　max）max+

另一种看起来很明显的软件缺陷来源是当软件要求输入时(比如在文本框中),不是没有输入正确的信息,而是根本没有输入任何内容,仅按了 Enter 键。这种情况在产品说明书中常常被忽视,程序员也可能经常遗忘,但是在实际使用中却时有发生。程序员总会习惯性地认为用户要么输入信息,不管是看起来合法的或非法的信息;要么就会选择 Cancel 键放弃输入。如果没有对空值进行好的处理,恐怕程序员自己都不知道程序会引向何方。正确的软件通常应该将输入内容默认为合法边界内的最小值或者合法区间内某个合理值,否则返回错误提示信息。因为这些值通常在软件中会进行特殊处理,所以不要把它们与合法情况和非法情况混在一起,而要建立单独的等价区间。

6.3　决策表法

在一些数据处理问题中,某些操作是否实施依赖于多个逻辑条件的取值。即在这些逻辑条件取值的组合所构成的多种情况下,分别执行不同的操作。处理这类问题的一个非常有力的分析和表达工具是决策表。

早在程序设计发展的初期,决策表就已被当作编写程序的辅助工具使用。由于它可以把复杂的逻辑关系和多种条件组合的情况表达得既明确又得体,因而给编写者、检查者和读者均带来很大方便。

在所有的黑盒测试方法中,基于决策表(又称为判定表)的测试是最为严格、最具有逻辑性的测试方法。决策表是分析和表达多个逻辑条件下执行不同操作情况的工具。由于决策表可以把复杂的逻辑关系和多种条件组合的情况表达得既具体又明确,在程序设计发展的初期,决策表就被当作编写程序的辅助工具了。

决策表通常由 4 个部分组成,如图 6-1 所示。

- 条件桩:列出了问题的所有条件,通常认为列出的条件的先后次序无关紧要。

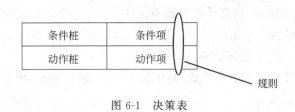

图 6-1　决策表

- 动作桩：列出了问题规定的可能采取的操作，这些操作的排列顺序没有约束。
- 条件项：针对条件桩给出的条件，列出所有可能的取值。
- 动作项：与条件项紧密相关，列出在条件项的各组取值情况下应该采取的动作。

任何一个条件组合的特定取值及其相应要执行的操作称为一条规则，在决策表中贯穿条件项和动作项的一列就是一条规则。显然，决策表中列出多少组条件取值，也就有多少条规则，即条件项和动作项有多少列。

根据软件规格说明，建立决策表的步骤如下。

(1) 确定规则的个数。假如有 n 个条件，每个条件有 2 个取值，故有 2^n 种规则。

(2) 列出所有的条件桩和动作桩。

(3) 填入条件项。

(4) 填入动作项，得到初始决策表。

(5) 化简。合并相似规则（相同动作）。

(6) 化简工作是以合并相似规则为目标的。

(7) 若表中有两条或多条规则具有相同的动作，并且其条件项之间存在着极为相似的关系，则可设法合并。

例如，化简规则如图 6-2 所示。

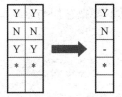

图 6-2　化简规则

例如，在翻开一本技术书的几页目录后，读者看到一张表，名为"本书阅读指南"（表 6-4）。表的内容给读者指明了在读书过程中可能遇到的种种情况，以及作者针对各种情况给读者的建议。表中列举了读者读书时可能遇到的 3 个问题，若读者的回答是肯定的，标以字母 Y；若回答是否定的，标以字母 N。3 个判定条件，其取值的组合共有 8 种情况。该表为读者提供了 4 条建议，但并不需要每种情况都施行。这里把要实施的建议在相应栏内标以 X，其他建议相应的栏内什么也不标。简化后的判定表如表 6-5 所示。

表 6-4　本书阅读指南

类别	序号	1	2	3	4	5	6	7	8
问题	你觉得疲倦吗？	Y	Y	Y	Y	N	N	N	N
	你对书中的内容感兴趣吗？	Y	Y	N	N	Y	Y	N	N
	书中的内容使你糊涂吗？	Y	N	Y	N	Y	N	Y	N
建议	请回到本章开头重读	X				X			
	继续读下去		X				X		
	跳到下一章去读							X	X
	停止阅读，请休息			X	X				

表 6-5 化简后的本书阅读指南判定表

	序号 类别	1	2	3	4
问题	你觉得疲倦吗？	—	—	Y	N
	你对书中的内容感兴趣吗？	Y	Y	N	N
	书中的内容使你糊涂吗？	Y	N	—	—
建议	请回到本章开头重读	X			
	继续读下去		X		
	跳到下一章去读				X
	停止阅读，请休息			X	

以下列问题为例给出构造决策表的具体过程。

问题要求："……对功率大于 50 马力的机器、维修记录不全且已运行 10 年以上的机器，应给予优先的维修处理……"这里假定，"维修记录不全"和"优先维修处理"均已在别处有更严格的定义。

（1）确定规则的个数。有 3 个条件，8 种规则。

（2）列出所有的条件桩和动作桩。

（3）填入条件项。

（4）填入动作项。得到初始判定表（表 6-6）。

（5）简化判定表（表 6-7）。

表 6-6 初始判定表

	序号 类别	1	2	3	4	5	6	7	8
条件	功率大于 50 马力吗？	Y	Y	Y	Y	N	N	N	N
	维修记录不全吗？	Y	Y	N	N	Y	Y	N	N
	运行超过 10 年了吗？	Y	N	Y	N	Y	N	Y	N
动作	进行优先维修	X	X	X	X	X			
	做其他处理						X	X	X

表 6-7 简化判定表

	序号 类别	1	2	3	4
条件	功率大于 50 马力吗？	Y	N	N	N
	维修记录不全吗？	—	Y	Y	N
	运行超过 10 年了吗？	—	Y	N	—
动作	进行优先维修	X	X		
	做其他处理			X	X

每种测试方法都有适用的范围，决策表法适用于下列情况。

（1）规格说明以决策表形式给出，或很容易转换成决策表。

（2）条件的排列顺序不会也不应影响执行哪些操作。

（3）规则的排列顺序不会也不应影响执行哪些操作。

（4）每当某一规则的条件已经满足，并确定要执行的操作后，不必检验别的规则。

（5）如果某一规则得到满足要执行多个操作，这些操作的执行顺序无关紧要。

决策表最突出的优点是，能够将复杂的问题按照各种可能的情况全部列举出来，简明并避免遗漏。因此，利用决策表能够设计出完整的测试用例集合。运用决策表设计测试用例，可以将条件理解为输入，将动作理解为输出。

6.4　因果图法

等价类划分法和边界值分析法着重考虑输入条件，而不考虑输入条件的各种组合，也不考虑输入条件之间的相互制约关系，但有时一些具体问题中的输入之间存在着相互依赖的关系。如果输入之间有关系，我们在测试时必须考虑输入条件的各种组合，那么可以考虑使用一种适合于描述对于多种条件的组合，相应产生多个动作的形式来设计测试用例，这就需要利用因果图。

因果图法最终生成的就是判定表。它适合于检查程序输入条件的各种组合情况。使用因果图法设计测试用例时，首先从程序规格说明书的描述中找出因（输入条件）和果（输出结果或者程序状态的改变），然后通过因果图转换为判定表，最后为判定表中的每一列设计一个测试用例。

6.4.1　因果图符号

通常在因果图中用 C_i 表示原因，用 E_i 表示结果，各节点表示状态，可取值 0 或 1。0 表示某状态不出现，1 表示某状态出现。因果图基本符号如图 6-3 所示。

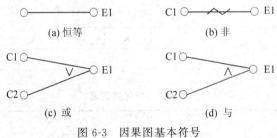

图 6-3　因果图基本符号

- 恒等：若 C1 为 1，则 E1 也为 1，否则 E1 为 0。
- 非：若 C1 是 1，则 E1 为 0，否则 E1 为 1。
- 或：若 C1 或 C2 或 C3 是 1，则 E1 为 1；若三者都不为 1，则 E1 为 0。
- 与：若 C1 和 C2 都是 1，则 E1 为 1；否则若有其中一个不为 1，则 E1 为 0。

在实际问题中，输入状态之间可能存在某些依赖关系，这种依赖关系被称为"约束"。

在因果图中使用特定的符号来表示这些约束关系，约束关系符号如图 6-4 所示。

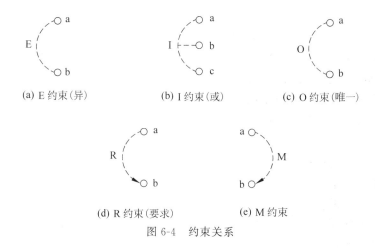

图 6-4　约束关系

- E 约束(异)：a、b 最多有一个可能为 1，不能同时为 1。
- I 约束(或)：a、b、c 中至少有一个必须为 1，不能同时为 0。
- O 约束(唯一)：a 和 b 必须有一个且仅有一个为 1。
- R 约束(要求)：a 是 1 时，b 必须是 1，即 a 为 1 时，b 不能为 0。
- M 约束：对输出条件的约束，若结果 a 为 1，则结果 b 必须为 0。

6.4.2　因果图生成测试用例

用因果图生成测试用例的基本步骤如下。

(1) 分析软件规格说明描述中，哪些是原因(即输入条件或输入条件的等价类)，哪些是结果(即输出条件)，并给每个原因和结果赋予一个标识符。

(2) 分析软件规格说明描述中的语义，找出原因与结果之间、原因与原因之间对应的是什么关系，根据这些关系画出因果图。

(3) 由于语法或环境限制，有些原因与原因之间、原因与结果之间的组合情况不可能出现。为表明这些特殊情况，在因果图上用一些记号标明约束或限制条件。

(4) 把因果图转换成判定表。

(5) 把判定表的每一列拿出来作为依据，设计测试用例。

例如，有一个处理单价为 5 角钱的饮料的自动售货机软件测试用例的设计。其规格说明为：若投入 5 角钱或 1 元钱的硬币，按下"橙汁"或"啤酒"的按钮，则相应的饮料就送出来。若售货机没有零钱找，则一个显示"零钱找完"的红灯亮，这时在投入 1 元硬币并按下按钮后，饮料不送出来并且 1 元硬币被退出来；若有零钱找，则显示"零钱找完"的红灯灭，在送出饮料的同时退还 5 角硬币。

(1) 分析这一段说明，列出原因和结果。

原因：

① 售货机有零钱找。

② 投入 1 元硬币。

③ 投入 5 角硬币。

④ 按下"橙汁"按钮。

⑤ 按下"啤酒"按钮。

建立中间节点,表示处理中间状态。

⑪ 投入 1 元硬币且按下"橙汁"按钮。

⑫ 按下"橙汁"或"啤酒"的按钮。

⑬ 应当找 5 角零钱并且售货机有零钱找。

⑭ 钱已付清。

结果:

㉑ 售货机"零钱找完"灯亮。

㉒ 退还 1 元硬币。

㉓ 退还 5 角硬币。

㉔ 送出橙汁饮料。

㉕ 送出啤酒饮料。

(2) 画出因果图。所有原因节点列在左边,所有结果节点列在右边。因果图如图 6-5 所示。

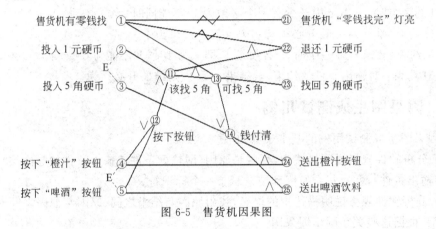

图 6-5 售货机因果图

(3) 由于②与③、④与⑤不能同时发生,需分别加上约束条件 E。

(4) 因果图转换成判定表(表 6-8)和判定表续表(表 6-9)。

表 6-8 判定表

类别	序号	①	②	③	④	⑤	⑥	⑦	⑧	⑨	⑩	⑪	⑫	⑬	⑭	⑮	⑯
条件	1	1	1	1	1	1	1	1	1	1	1	1	1	1	1	1	1
	2	1	1	1	1	1	1	1	0	0	0	0	0	0	0	0	0
	3	1	1	1	1	0	0	0	0	1	1	1	1	0	0	0	0
	4	1	1	0	0	1	1	0	0	1	1	0	0	1	1	0	0
	5	1	0	1	0	1	0	1	0	1	0	1	0	1	0	1	0
中间结果	11						1	1	0		0	0	0		0	0	0
	12						1	1	0		1	1	0		1	1	0
	13						1	1	0								
	14						1	1	0		1	1	1		0	0	0

续表

类别 \ 序号	①	②	③	④	⑤	⑥	⑦	⑧	⑨	⑩	⑪	⑫	⑬	⑭	⑮	⑯
结果 21						0	0	0		1	1	1		0	0	0
结果 22						0	0	0		0	0	0		0	0	0
结果 23						1	1	0		0	0	0		0	0	0
结果 24						1	0	0		1	0	0		0	0	0
结果 25						0	1	0		0	1	0		0	0	0
测试用例						Y	Y	Y		Y	Y	Y		Y	Y	

表 6-9　判定表续表

类别 \ 序号	⑰	⑱	⑲	⑳	㉑	㉒	㉓	㉔	㉕	㉖	㉗	㉘	㉙	㉚	㉛	㉜
条件 1	0	0	0	0	0	0	0	0	0	0	0	0	0	0	0	0
条件 2	1	1	1	1	1	1	1	1	0	0	0	0	0	0	0	0
条件 3	1	1	1	1	0	0	0	0	1	1	1	1	0	0	0	0
条件 4	1	1	0	0	1	1	0	0	1	1	0	0	1	1	0	0
条件 5	1	0	1	0	1	0	1	0	1	0	1	0	1	0	1	0
中间结果 11						1	1	0		0	0	0		0	0	0
中间结果 12						1	1	0		1	1	0		1	1	0
中间结果 13						0	0	0		0	0	0		0	0	0
中间结果 14						0	0	0		1	1	1		0	0	0
结果 21						1	1	1		1	1	1		1	1	1
结果 22						1	1	0		0	0	0		0	0	0
结果 23						0	0	0		0	0	0		0	0	0
结果 24						0	0	0		1	0	0		0	0	0
结果 25						0	0	0		0	1	0		0	0	0
测试用例						Y	Y	Y		Y	Y	Y		Y	Y	

（5）设计测试用例如表 6-10 所示。

表 6-10　测试用例

编　　号	输入条件①②③④组合	期　望　输　出
Test1	11010	23,24
Test2	11001	23,25
Test3	11000	…
Test4	10110	24
Test5	10101	25
Test6	10100	…
Test7	10010	…
Test8	10001	…
Test9	01010	21,22
Test10	01001	21,22
Test11	01000	21

续表

编　　号	输入条件①②③④组合	期　望　输　出
Test12	00110	21,24
Test13	00101	21,25
Test14	00100	21
Test15	00010	21
Test16	00001	21

6.5 场景图法

现在的软件几乎都是用事件触发来控制流程的,事件触发时的情境便形成了场景,而同一事件不同的触发顺序和处理结果就形成事件流。这种在软件设计方面的思想也可引入到软件测试中,可以比较生动地描绘出事件触发时的情境,有利于测试设计者设计测试用例,同时使测试用例更容易理解和执行。

如图 6-6 所示的场景图中,一个备选流可能从基本流开始,在某个特定条件下执行,然后重新加入基本流中(如备选流 1 和 3);也可能起源于另一个备选流(如备选流 2),或者终止用例而不再重新加入到某个流(如备选流 2 和 4)。

按照图 6-6 中每个经过用例的路径,可以确定以下不同的用例场景。

场景 1　基本流
场景 2　基本流　备选流 1
场景 3　基本流　备选流 1　备选流 2
场景 4　基本流　备选流 3
场景 5　基本流　备选流 3　备选流 1
场景 6　基本流　备选流 3　备选流 1　备选流 2
场景 7　基本流　备选流 4
场景 8　基本流　备选流 3　备选流 4

注意:为方便起见,场景 5、场景 6 和场景 8 只考虑了备选流 3 循环执行一次的情况。

下面以 ATM 为例,用场景图法设计相关的测试用例。图 6-7 所示的是 ATM 例子的示意图。

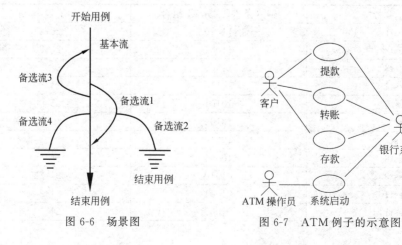

图 6-6　场景图　　　　　　　　图 6-7　ATM 例子的示意图

（1）分析基本流和备选流，如表 6-11 所示。

表 6-11　基本流和备选流

事　件	结　　果
基本流	本用例的开端是 ATM 处于准备就绪状态
	准备提款：客户将银行卡插入 ATM 机的读卡机
	验证银行卡：ATM 机从银行卡的磁条中读取账户代码，并检查它是否属于可以接收的银行卡
	输入 PIN：ATM 要求客户输入 PIN 码（4 位）验证账户代码和 PIN，以确定该账户是否有效以及所输入的 PIN 对该账户来说是否正确。对于此事件流，账户是有效的而且 PIN 对此账户来说是正确无误的
	ATM 选项：ATM 显示在本机上可用的各种选项。在此事件流中，银行客户通常选择"提款"
	输入金额：要从 ATM 中提取的金额。对于此事件流，客户需选择预设的金额（100 元、500 元、2000 元）
	授权：ATM 通过将卡 ID、PIN、金额以及账户信息作为一笔交易发送给银行系统来启动验证过程。对于此事件流，银行系统处于联机状态
	对授权请求给予答复，批准完成提款过程，并且据此更新账户余额
	出钞：提供现金
	返回银行卡：银行卡被返还
	收据：打印收据并提供给客户。ATM 还相应地更新内部记录
	用例结束时 ATM 又回到准备就绪状态
	使用用例场景设计测试用例
备选流 1：银行卡无效	在基本流步骤 2 中验证银行卡，如果卡是无效的，则卡被退回，同时会通知相关信息
备选流 2：ATM 内没有现金	在基本流步骤 5 中的 ATM 选项，如果 ATM 内没有现金，则"提款"选项将无法使用
备选流 3：ATM 内现金不足	在基本流步骤 6 中输入金额，如果 ATM 机内金额少于请求提取的金额，则将显示一则适当的消息，并且在步骤 6 输入金额处重新加入基本流
备选流 4：PIN 有误	在基本流步骤 4 中验证账户和 PIN，客户有 3 次机会输入 PIN
	如果 PIN 输入有误，ATM 将显示适当的消息；如果还存在输入机会，则此事件流在步骤 3 输入 PIN 处重新加入基本流
	如果最后一次尝试输入的 PIN 码仍然错误，则该卡将被 ATM 机保留，同时 ATM 返回到准备就绪状态，本用例终止
备选流 5：账户不存在	在基本流步骤 4 中验证账户和 PIN，如果银行系统返回的代码表明找不到该账户或禁止从该账户中提款，则 ATM 显示适当的消息且在步骤 9 返回银行卡处重新加入基本流
备选流 6：账面金额不足	在基本流步骤 7 授权中，银行系统返回代码表明账户余额少于在基本流步骤 6 输入金额内输入的金额，则 ATM 显示适当的消息并且在步骤 6 输入金额处重新加入基本流
备选流 7：达到每日最大的提款金额	在基本流步骤 7 授权中，银行系统返回的代码表明包括本提款请求在内，客户已经或将超过在 24 小时内允许提取的最多金额，则 ATM 显示适当的消息并在步骤 6 输入金额处重新加入基本流

事　件	结　果
备选流 x:记录错误	如果在基本流步骤 10 收据中记录无法更新,则 ATM 进入"安全模式",在此模式下所有功能都将暂停使用,同时向银行系统发送一条适当的警报信息表明 ATM 已经暂停工作
备选流 y:退出	客户可随时决定终止交易(退出)。交易终止,银行卡随之退出
备选流 z:"翘起"	ATM 包含大量的传感器,用以监控各种功能,如电源检测器、不同的门和出入口处的测压器以及动作检测器等。在任一时刻,如果某个传感器被激活,则警报信号将发送给警方且 ATM 进入"安全模式",在此模式下所有功能都暂停使用,直到采取适当的重启/重新初始化的措施为止

(2) 场景设计。

场景 1:成功的提款　基本流

场景 2:ATM 内没有现金　基本流　备选流 2

场景 3:ATM 内现金不足　基本流　备选流 3

场景 4:PIN 有误(还有输入机会)　基本流　备选流 4

场景 5:PIN 有误(不再有输入机会)　基本流　备选流 4

场景 6:账户不存在/账户类型有误　基本流　备选流 5

场景 7:账户余额不足　基本流　备选流 6

(3) 用例设计。

注意:为方便起见,备选流 3 和备选流 6(场景 3 和场景 7)内的循环以及循环组合未纳入表 6-11。

对于这 7 个场景中的每一个场景都需要确定测试用例。可以采用矩阵或决策表来确定和管理测试用例。下面显示了一种通用格式,其中行代表各个测试用例,而列则代表测试用例的信息。本示例中,对于每个测试用例,存在一个测试用例 ID 条件(或说明)、测试用例中涉及的所有数据元素(作为输入或已经存在于数据库中)以及预期结果。

通过从确定执行用例场景所需的数据元素入手构建矩阵。然后对于每个场景,至少要确定包含执行场景所需的适当条件的测试用例。例如,在下面的矩阵中,V(有效)用于表明这个条件必须是有效的才可执行基本流,而 I(无效)用于表明这种条件下将激活所需备选流。测试用例如表 6-12 所示,其中使用的 N/A(不适用)表明这个条件不适用于测试用例。

表 6-12　测试用例

测试用例 ID	场景/条件	PIN	账号	输入的金额 (或选择的金额)	账面金额	ATM 内的金额	预期结果
CW1	场景 1:成功提款	V	V	V	V	V	成功地提款
CW2	场景 2:ATM 内没有现金	V	V	V	V	V	提款选项不可用,用例结束
CW3	场景 3:ATM 内现金不足	V	V	V	V	I	警告信息,返回基本流步骤 6,输入金额

测试用例 ID	场景/条件	PIN	账号	输入的金额 （或选择的金额）	账面金额	ATM 内 的金额	预期结果
CW4	场景 4：PIN 有误（还有不止一次的输入机会）	I	V	N/A	V	I	警告信息，返回基本流步骤 4，输入 PIN
CW5	场景 4：PIN 有误（还有一次输入机会）	I	V	N/A	V	V	警告信息，返回基本流步骤 4，输入 PIN
CW6	场景 4：PIN 有误（不再有输入机会）	I	V	N/A	V	V	警告信息，卡予以保留，用例结束

（4）数据设计。

一旦确定了所有的测试用例，则应对这些用例进行复审和验证以确保其准确且适度，并取消多余或等效的测试用例。

测试用例一经认可，就可以确定实际数据值（在测试用例实施矩阵中）并且设定测试数据，如表 6-13 所示。

表 6-13　数据设计

TC(测试用例)ID 号	场景	卡有效	账户有效	密码	金额	金额规则验证	预期结果
1	1	T	T(1,200)	111111(正确)	100	T	取款
2	2	F	—	—	—	—	退卡
3	3	T	T(1,200)	000000	—	—	返回输入
4	4	T	T(1,200)	222222(3 次后)	—	—	吞卡
5	5	T	F(NULL)	—	—	—	退卡
6	6	T	T(1,200)	111111	10	F(违反 50 元、100 元限定)	重新输入金额

6.6　功能图法

一个程序的功能说明通常由动态说明和静态说明组成。动态说明描述了输入数据的次序或转移的次序；静态说明描述了输入条件与输出条件之间的对应关系。对于较复杂的程序，由于存在大量的组合情况，因此，仅用静态说明组成的规格说明对于测试来说往往是不够的，必须用动态说明来补充功能说明。功能图方法是用功能图 FD 形式化地表示程序的功能说明，并机械地生成功能图的测试用例。

功能图由状态迁移图和布尔函数组成。状态迁移图用状态和迁移来描述，一个状态指出数据输入的位置（或时间），而迁移则指明状态的改变。功能图模型由状态迁移图和逻辑功能模型构成。在状态迁移图中，由输入数据和当前状态决定输出数据与后续状态。逻辑功能模型用于表示在状态中输入条件和输出条件之间的对应关系。逻辑功能模型只适合于描述静态说明,输出数据仅由输入数据决定。测试用例则由测试中经过的一系列状态和在每个状态中必须依靠输入/输出数据满足的一对条件组成。

功能图法其实是一种黑盒白盒混合用例设计方法。功能图法中要用到逻辑覆盖及路径测试的概念和方法,其属白盒测试法中的内容。逻辑覆盖是以程序内部的逻辑结构为基础的测试用例设计方法,该方法要求测试人员对程序的逻辑结构要有清楚的了解。

从功能图生成测试用例,得到的测试用例数是可接受的,问题的关键的是如何从状态迁移图中选取测试用例。若用节点代替状态,用弧线代替迁移,则状态迁移图就可以转化成一个程序的控制流程图形式,问题就转化为程序的路径测试(如白盒测试)问题了。

在一个结构化的状态迁移(SST)中,定义 3 种形式的循环:顺序、选择和重复。但分辨一个状态迁移中的所有循环是有困难的(其表示图形省略)。

从功能图生成测试用例的过程如下。

(1) 生成局部测试用例:在每个状态中,从因果图生成局部测试用例。局部测试用例由原因值(输入数据)组合与对应的结果值(输出数据或状态)构成。

(2) 测试路径生成:利用上面的规则(3 种)生成从初始状态到最后状态的测试路径。

(3) 测试用例合成:合成测试路径与功能图中每个状态中的局部测试用例。结果是初始状态到最后状态的一个状态序列,以及每个状态中输入数据与对应输出数据的组合。

6.7 正交试验法

6.7.1 正交试验设计

正交试验设计起源于科学试验,它由田口玄一博士于 1949 年创立,并于 2 世纪 60 年代初从日本传入中国。他依据 Galois 的理论导出的正交表,从大量试验条件中挑选出适量的、有代表性的条件来合理地安排试验。运用这种方法安排的试验具有"均匀分散、整齐可比"的特点。"均匀分散"性使试验点均衡地分布在试验范围内,让每个试验点有充分的代表性;"整齐可比"性使试验结果的分析十分方便,可以估计各因素对指标的影响,找出影响事物变化的主要因素。实践证明,正交试验法是一种解决多因素问题卓有成效的方法。

田口玄一将正交试验选择的水平组合列成表格,称为正交表。例如做一个三因素且每个因素有三个水平的试验,按全面试验要求,须进行 3^3(27 种)种组合的试验。若按 $L_9(3^3)$ 正交表安排试验,只要做 9 次,大大减少了工作量。正交试验法能用较少的测试用例达到较高的覆盖率。

正交表是一种特制的表格,一般用 $L_n(m^k)$ 表示,L 代表是正交表,n 代表试验次数或正交表的行数,k 代表最多可安排影响指标因素的个数或正交表的列数,m 表示每个因素水平数,且有 $n = k \times (m-1) + 1$,如 $L_8(2^7)$。

正交表必须满足以下两个特点,有一个不满足就不是正交表。

(1) 每列中不同数字出现的次数相等。这一特点表明每个因素的每个水平与其他因素的每个水平参与试验的概率是完全相同的,从而保证了在各个水平中最大限度地排除了其他因素水平的干扰,能有效地比较试验结果并找出最优的试验条件。

(2) 在任意 2 列横向组成的数字对中,每种数字对出现的次数相等。这个特点保证了试验点均匀地分散在因素与水平的完全组合之中,因此具有很强的代表性。

6.7.2　正交试验法设计用例的实现步骤

1. 确定因素数和水平数

* 因素数:确定测试中有多少个相互独立的考察变量。
* 水平数:确定任何一个因素在试验中能够取得的最多值。

2. 根据因素数和水平数确定 n 值

对于单一水平正交表 $L_n(m^k)$,用 $n = k \times (m-1) + 1$ 计算。

对于混合水平正交表 $L_n(m1^{k1} m2^{k2} \cdots mx^{kx})$,用 $n = k1 \times (m1-1) + k2 \times (m2-1) + \cdots + kx \times (mx-1) + 1$ 计算。

其中,k 表示因素数,m 表示水平数,n 表示实验次数。

3. 选择合适的正交表

(1) 单一水平正交表:如果存在试验次数等于 n,并且水平数大于等于 m、因素数大于等于 k 的正交表,我们可以把这个正交表拿过来套用。

如果不存在试验次数等于 n 的正交表,我们就得找出满足试验次数大于 n 的正交表并且水平数大于等于 m、因素数大于等于 k 的正交表。

(2) 混合水平正交表:如果存在试验次数等于 n,并且水平数大于等于 $\max(m1, m2, m3, \cdots)$、因素数大于等于 $(k1 + k2 + k3 + \cdots)$ 的正交表,我们可以把这个正交表拿过来套用。

如果不存在试验次数等于 n 的正交表,我们就得找出满足试验次数大于 n 的正交表并且水平数大于等于 $\max(m1, m2, m3, \cdots)$、因素数大于等于 $(k1 + k2 + k3 + \cdots)$ 的正交表。

当有 2 个或 2 个以上正交表可以被选择时,选取原则是选试验次数最少的那个正交表。

4. 根据正交表把变量的值映射到表中,设计测试用例

把变量的值映射到正交表中,每一行的各因素的取值组合作为一个测试用例。

【案例】　假设一个网页有 3 个不同的部分(Top、Middle、Bottom),并且每个部分都可以单独显示及隐藏,要求是测试这 3 个不同部分的交互。按照前面给出的正交表测试用例设计步骤,用正交试验法设计测试用例。

(1) 确定因素数和水平数。

确定 3 个独立变量且每个变量有 2 个取值,即 Top(Hidden,Visible)、Middle(Hidden,Visible)、Bottom(Hidden,Bottom)。

(2) 根据因素数和水平数确定 n 值。

水平数:　　　　　　　$m = 2$

因素数:　　　　　　　$k = 3$

　　　　　　　　　　$L_n(2^3)$

　　　　　　　$n = k \times (m-1) + 1 = 3 \times (2-1) + 1 = 4$

(3) 选择合适的正交表。

先看看有没有试验次数为 4 的正交表。如果有,再看看因素数和水平数是不是符合。

正交表 $L_4(2^3)$ 的条件恰好相符。正交表如表 6-14 所示。

表 6-14　正交表

列　　数	因素 1	因素 2	因素 3
1	0	0	0
2	0	1	1
3	1	0	1
4	1	1	0

（4）把变量的值映射到表中，并设计测试用例。值映射如表 6-15 所示。

表 6-15　值映射

Hidden=0,Visible=1

列　　数	Top	Middle	Bottom
1	Hidden	Hidden	Hidden
2	Hidden	Visible	Visible
3	Visible	Hidden	Visible
4	Visible	Visible	Hidden

把表中每一行转换成测试用例，可以得到如下 4 个测试用例。

（1）隐藏 Top、Middle、Bottom 这三部分。

（2）显示除 Top 部分外的其他部分。

（3）显示除 Middle 部分外的其他部分。

（4）显示除 Bottom 部分外的其他部分。

正交试验法作为设计测试用例的方法之一，也有优缺点。

优点：根据正交性从全面试验中挑选出部分有代表性的点进行试验，这些有代表性的特点具备"均匀分散，整齐可比"的特点。通过使用正交试验法减少了测试用例，合理地减少测试的工时与费用，提高测试用例的有效性，是一种高效率、快速、经济的试验设计方法。

缺点：对每个状态点同等对待，重点不突出，容易造成在用户不常用的功能或场景中花费不少时间进行测试设计与执行，而在重要路径的使用上反而没有重点测试。

为了最大限度地减少测试遗留的缺陷，同时也为了最大限度地发现存在的缺陷，在测试实施之前，测试工程师必须确定将要采用的黑盒测试策略和方法，并以此为依据制订详细的测试方案。通常，一个好的测试策略和测试方法必将给整个测试工作带来事半功倍的效果。认真选择测试策略，以便尽可能少地使用测试用例，发现尽可能多的程序错误。因为一次完整的软件测试过后，如果程序中遗留的错误过多并且严重，则表明该次测试是不足的，而测试不足则意味着让用户承担隐藏错误带来的危险，但测试过度又会带来资源的浪费，因此，测试需要找到一个平衡点。

以下是各种黑盒测试法选择的综合策略，可在实际应用过程中参考。

（1）先进行等价类划分，包括输入条件和输出条件的等价划分，将无限测试变成有限测试，这是减少工作量和提高测试效率的最有效方法。

（2）在任何情况下都必须使用边界值分析方法。经验表明用这种方法设计出测试用例发现程序错误的能力最强。

（3）对照程序逻辑，检查已设计出的测试用例的逻辑覆盖程度。如果没有达到要求的覆盖标准，应当再补充足够的测试用例。

（4）如果程序的功能说明中含有输入条件的组合情况，则应在一开始就选用因果图法。

6.8　本章小结

本章主要介绍了黑盒测试用例设计方法：等价类划分法、边界值法、决策表法、因果图法、场景图法、功能图法以及正交试验法。黑盒测试是一种确认技术，目的是确认"设计的系统是否正确"。黑盒测试是以用户的观点，从输入数据与输出数据的对应关系，也就是根据程序外部特性进行的测试，而不考虑内部结构及工作情况；黑盒测试技术注重于软件的信息域（范围），通过划分程序的输入和输出域来确定测试用例。

6.9　练习题

1. 选择题

（1）黑盒法是根据程序的（　　）来设计测试用例的。

　　A. 应用范围　　　　B. 内部逻辑　　　　C. 功能　　　　　　D. 输入数据

（2）黑盒测试用例设计方法包括（　　）等。

　　A. 等价类划分法、因果图法、正交试验设计法、功能图法、路径覆盖法、语句覆盖法

　　B. 等价类划分法、边界值法、判定表驱动法、场景图法、错误推测法、因果图法、正交试验法、功能图法

　　C. 因果图法、边界值分析法、判定表驱动法、场景图法、Z 路径覆盖法

　　D. 场景图法、错误推测法、因果图法、正交试验法、功能图法、域测试法

（3）（　　）是一种黑盒测试方法，它是把程序的输入域划分成若干部分，然后从每个部分中选取少数有代表性数据当作测试用例。

　　A. 等价类划分法　　B. 边界值法　　　　C. 因果图法　　　　D. 场景图法

2. 填空题

（1）因果图法最终生成的就是_____。它适合于检查_____的各种组合情况。

（2）用例场景用来描述流经用例的路径，从用例开始到结束遍历这条路径上所有_____和_____。

（3）_____和_____着重考虑输入条件，而不考虑输入条件的各种组合，也不考虑输入条件之间的相互制约的关系。

3. 设计题

下面是某股票公司的佣金政策，根据决策表法设计具体测试用例。

如果一次销售额少于 1 000 元，那么基础佣金将是销售额的 7%；如果销售额等于或多于 1 000 元，但少于 10 000 元，那么基础佣金将是销售额的 5%，外加 50 元；如果销售额等

于或多于 10 000 元,那么基础佣金将是销售额的 4%,外加 150 元。另外,销售单价和销售的份数对佣金也有影响。如果单价低于 15 元/份,则外加基础佣金的 5%;若不是整百的份数,再外加 4% 的基础佣金。若单价在 15 元/份以上,但低于 25 元/份,则加 2% 的基础佣金;若不是整百的份数,再外加 4% 的基础佣金。若单价在 25 元/份以上,并且不是整百的份数,则外加 4% 的基础佣金。

第 7 章　软件测试流程

 本章目标

- 掌握测试用例。
- 掌握测试执行。
- 掌握缺陷提交。
- 了解测试需求分析。
- 了解测试计划的编写。
- 了解测试总结。

7.1　测试计划

软件测试是有计划、有组织和有系统的软件质量保证活动,而不是随意、松散、杂乱的实施过程。为了规范软件测试内容、方法和过程,在对软件进行测试前,必须创建测试计划。

测试计划是一个叙述了预定的测试活动的范围、途径、资源及进度安排的文档。它确认了测试项、被测特征、测试任务、人员安排以及任何偶发事件的风险。

7.1.1　测试计划的目的

测试计划是对将要执行的测试过程的整体规划安排进行说明,用于指导测试过程。测试计划,参与测试的项目成员,尤其是测试管理人员,可以明确测试任务和测试方法,保持测试实施过程的顺畅沟通,跟踪和控制测试进度,应对测试过程中的各种变更。

测试计划、测试用例之间是战略和战术的关系,测试计划主要从宏观上规划测试活动的范围、方法和资源配置,而测试用例是完成测试任务的具体战术。

7.1.2　测试计划的编写策略

测试计划的编写应依据项目计划、项目计划的评估状态以及对业务的理解尽早开始。编写需要经过评估项目计划和状态、组建测试小组、了解并评价项目风险、制订测试计划、审查测试计划等步骤,一般由测试组长或有经验的测试人员来完成。

编写策略很多,多数都借助 5W 工作法完成。5W 规则指的是 What(做什么)、Why(为什么做)、When(何时做)、Where(在哪里)、How(如何做)。利用 5W 规则创建软件测试计划,可以帮助测试团队理解测试的目的(Why),明确测试的范围和内容(What),确定测试的开始和结束日期(When),指出测试的方法和工具(How),给出测试文档和软件的存放位置(Where)。

为了使5W规则更具体化,需要准确理解被测软件的功能特征、应用行业的知识和软件测试技术,在需要测试的内容里面突出关键部分,可以列出关键及风险内容、属性、场景或测试技术。对测试过程的阶段划分、文档管理、缺陷管理、进度管理给出切实可行的方法。

测试策略提供了对测试对象进行测试的方法。对于每种测试,都应提供测试说明。一个好的测试策略应该包括实施的测试类型/目标、采用的技术、测试的起停标准、存在影响的特殊事项等。

对于集成测试,可采用自顶向下、自底向上或孤立测试等策略。对于系统测试却不能按照测试顺序来制定测试策略,可以进行数据和数据库完整性测试、功能测试、用户界面测试、性能评测、负载测试、强度测试、容量测试、安全性和访问控制测试、故障转移和回复测试、配置测试、回归测试、安装测试等。根据项目需求从中选择项目的关注点来进行测试,并规定每种测试使用的工具,达到的目标就是系统测试的策略。

测试计划的内容因项目以及项目的大小而有所不同,一般包含测试概要、测试目标、测试范围、测试策略、重点事项、测试配置、人员组织、沟通方式、测试进度、测试标准、发布/提交产物、风险分析等内容。

需要注意的是,测试计划中,必须制定测试的优先级和重点。完成后的测试计划应按照项目编码或软件名称和版本进行管理,所有文档放置于配置管理库中。

与项目计划一样,测试计划是一个发展变化的文档,会随着项目的进展、人员或环境的变动而变化,因此应确保测试计划是最新的,测试计划变更后应该通知相关人员、根据最新的测试计划执行测试工作。

7.2   测试需求

7.2.1   什么是测试需求

软件测试需求是根据程序文件和质量目标对软件测试活动所提的要求,也就是在项目中要测试哪些内容和测试到什么程度。在测试活动点首先需要明确测试需求,才能决定需要多少人、怎么测、测试多长时间、测试的环境、需要的技能工具、相应的背景知识以及可能遇到的风险等,以上所有的内容结合起来就构成了测试计划的基本要素。

测试需求是测试计划的基础与重点。像软件的需求一样,根据不同的公司环境、不同的专业水平、不同的要求和详细程度,测试需求也是不同的。但是,对于一个全新的项目或产品,测试需求力求详细明确,以避免测试遗漏与误解。

测试需求是测试人员根据用户需求说明书和开发设计说明书编写的,测试需求分析要检查用户需求的正确性,保证需求的描述能够得出一个实际结果;还要根据用户需求和设计需求分析软件各个模块所要实现的功能点、潜在的业务约束以及一些常识性的软件设计规格。

测试需求可以从系统的需求报告或软件规格说明书中获得,针对测试过程而言,可以理解为测试目标。测试需求越详细,功能点就越清晰,这样就可以更好地编写测试计划和用例。因为在测试过程中要验证是否实现需求提出的功能,测试需求与测试用例具有对应关系,例如一个管理系统,其中有一个测试需求是用户正常登录,对应设计的测试用例就应根据此需求进行设计。

7.2.2　为什么要做测试需求分析

要成功地完成一个测试项目,必须了解测试的规模、复杂程度以及可能存在的风险,这些都需要通过详细的测试需求来了解。测试需求详细、精准,表明对所测软件了解得深入,对所要进行的任务内容有清晰的认识,因而对保证测试的质量与进度就更有把握。

如果把测试活动类比于整个软件生命周期,把"软件"两个字全部改换成"测试",则测试需求就相当于软件的需求规格,测试策略则相当于软件的设计架构件的详细设计,测试执行则相当于软件的编码过程。这样,我们就可以明白整个测试活动的依据来源于测试需求分析。

通过测试分析,可以把不能度量的需求转变为可度量的需求,例如使测试的范围(有多少功能点,有多少功能项)可以度量,使独立的功能点及其对应的所有处理分支可以度量,使系统需要测试的业务均可以度量。

"测试需求"中的"测试"还可以理解为一个动词,指的是对软件需求本身的检查。此时,"测试"已经超出传统意义上的测试工作的范围。需要指出的是,在现代软件工程中,测试人员不再只关心软件的实现同需求是否相符,还要尽可能早地找到软件缺陷,并确保其得以修复。根据 1∶10∶100 的规则,在需求、设计、编码、测试、发布等不同的阶段,发现缺陷后修复的代价都会比在前一个阶段修复的代价提高 10 倍。软件缺陷发现得越晚,修复该缺陷的费用越高,因此要求从需求阶段开始发现缺陷。相应的,测试也要从"测试需求"开始。

7.2.3　测试需求的依据与收集

测试需求通常是以待测对象的软件需求为原型进行分析而转变过来的。但测试需求并不等同于软件需求,它是以测试的观点根据软件需求整理出一个检查表(Checklist),作为测试该软件的主要工作内容。

测试需求主要通过如下途径来收集。

(1) 与测试软件相关的各种文档资料。如软件需求规格、用例(Use Case)、界面设计、项目会议或客户沟通时的有关需求信息的会议记录、其他技术文档等。

(2) 与客户或系统分析员的沟通。

(3) 业务背景资料,如待测软件业务领域的知识等。

(4) 正式与非正式的培训。

(5) 其他相关内容。如果以旧系统为原型,以全新的架构方式来设计或完善软件,那么,旧系统的原有功能及特性就成了最有效的测试需求收集途径。

在整个信息收集过程中,务必要确保软件的功能与特性被正确理解。因此,测试需求分析人员必须具备优秀的沟通能力与表达能力。

7.2.4　测试需求分析

测试需求分析是通过划分需求来源、分解测试需求类型,并分析测试需求的确定性、可测性、测试次序、重要性、稳定度、工作量等活动,定义出测试需求的测试范围、优先级、测试风险、关系及约束,并建立与需求规格、测试用例之间的双向跟踪关系的过程。

我们把测试需求分析概括为如下 4 个方面。

1. 明确需求的范围

在需求规格说明书评审时,测试工作就应该开始,所以事实上在需求获取结束后就开始测试需求分析,其目标是确定需求、设计或者对应的测试环节中包括了多少功能点,如需求跟踪矩阵(Requirements Traceability Matrix,RTM)中的软件需求规格说明书(Software Requirements Specification,SRS)列表(粒度)、质量控制中的不同层次需求描述等。

2. 明确每一个功能的业务处理过程

通过对每一个功能点的输入、处理和输出进行分析,提取基本正向流程、分支流程及反向流程,形成业务活动图。提取流程穿过的业务界面,填写全部的界面参数及系统内置参数(其他界面输入),填写每个界面的必输项;提取业务规则,从常用规则库中提取适用规则等。

3. 了解不同的功能点业务侧重

不同的软件业务背景不同,所要求的特性也不相同,测试的侧重点自然也不相同。除了需要确保要求实现的功能正确,银行/财务软件更强调数据的精确性,网站强调服务器所能承受的压力,企业资源计划(Enterprise Resource Planning,ERP)强调业务流程,驱动程序强调软/硬件的兼容性。在做测试分析时,需要根据软件的特性来选取测试类,并将其列入测试需求中。

4. 挖掘显式需求背后的隐式需求

形成显式需求的资料包括原始需求说明书、产品规格书、软件需求文档、经验库等。

隐式规格说明是没有经过客户权威确认的一个有用的需求信息源,在大多数情况下,只有部分隐式规格说明与当前产品有关。隐式规格说明有竞争对手的产品、同一产品的老版本、项目团队之间的电子邮件讨论、顾客意见相关主题的教科书、图形用户界面风格指南、操作系统兼容性需求等多种形式。当产品违反隐式规格说明时,测试员的报告必须详细一些,例如,在 Microsoft Office 中,F4 功能键固定用于重复命令。除非我们也是这样定义,否则在日常工作中使用 Office 的用户会感到困惑。虽然没有人说 Office 是该产品的规格说明,但是客户可能会同意采用与 Office 一致的用户界面来提高可使用性。如果是这样,则 Office 就是该产品的一个隐式规格说明。

7.2.5 测试需求的优先级

优先级别的确定利于测试工作的展开,使测试人员清晰地了解核心的功能、特性和流程有哪些,以及客户最关注的是什么,由此可以确定测试的工作重点在何处。测试进度发生问题时,更方便处理,实现不同优先级别的功能、模块、系统的取舍,从而降低测试风险。

通常需求管理规范的客户会提出用户需求/软件需求相应的优先级,这样在编制需求跟踪矩阵时就可以标注出来,测试需求的优先级可依据它们直接定义。如果没有规定项目需求的优先级,则可与客户沟通,确定哪些功能或者特性是需要重点关注的,从而确定测试需求的优先级。

通过以上描述,可以看出,需求分析和测试需求分析两者的过程是相反的。需求分析的过程是从初步设想而到原始需求,再经过需求分析形成需求规格(输入、处理和输出);测试需求分析是从单功能点的输入、处理和输出,经过业务流分析,整合成全局概念,再对隐式需求进行挖掘。

7.3　测 试 用 例

测试用例的设计和编制是软件测试活动中最重要的工作。有了良好的测试用例,无论是谁来测试,参照测试用例实施,可以把人为因素的影响减少到最小,从而能保障测试的质量。即便最初的测试用例考虑不周全,随着测试的进行和软件版本的更新,也将日趋完善。

7.3.1　测试用例的概念

测试用例(Test Case)通常是指对一项特定的软件产品进行测试任务的描述,体现测试方案、方法、技术和策略,其内容包括测试目标、测试环境、输入数据、测试步骤、预期结果、测试脚本等,并形成文档。测试用例是为某个特殊目标而编制的一组测试输入、执行条件以及预期结果,以便测试某个程序路径或核实它是否满足某个特定需求。

测试用例和测试需求的区别在于测试用例需要考虑多种情况,而测试需求只说明一个整体的要求。例如,对一个哈希表的插入操作进行测试,有"插入一个新的条目""插入失败——条目已经存在""插入失败——表已满""哈希表在插入前为空"等可能,以上这些可能的内容没有对被插入元素进行描述,因此只能是测试需求而不是可以执行的测试用例。另外,测试人员也不能马上着手书写用例(类似于软件需求完成后不能立即编码一样),还需要对测试需求进行评审,以确保正确和没有需求遗漏。

7.3.2　测试用例的重要性

测试用例的重要性经常被忽略,但是当开始对一个新项目进行测试时,尽管测试前对需求和业务有了深入的了解,也不可能把所有的功能和分支都记住,需求覆盖不全的情况就会发生,产品的质量必然受到影响。

同时,测试用例构成了设计和制定测试过程的基础,测试设计和开发的类型以及所需的资源主要都受控于测试用例。通过将软件测试的行为活动进行科学化的组织归纳,就可以将软件测试的行为转化成可管理的模式。

另外,测试用例也是将测试具体量化的方法之一。判断测试是否完全的一个主要评测方法是基于需求的覆盖,而这又是以确定、实施和执行的测试用例数量为依据,因此,"95%的关键测试用例已得以执行和验证"远比"我们已完成95%的测试"更有意义。

7.3.3　测试用例的分类

根据测试过程中具体涉及问题类型及测试需求,一般可将测试用例划分为功能性测试用例、界面测试用例、数据处理测试用例、性能测试用例、操作流程测试用例以及安装测试用例 6 种类型,最佳方案是为每类应用的每个测试需求至少编制两个测试用例。

(1) 一个测试用例用于证明该需求已经满足,通常称作正面测试用例。

(2) 另一个测试用例反映某个无法接受、反常或意外的条件或数据,用于论证只有在所需条件下才能够满足该需求,这个测试用例称作负面测试用例。

7.3.4 测试用例的设计

关于测试用例的设计策略,GLenford J. Myers 曾经在他的经典名著中指出:

(1) 在任何情况下都必须使用边界值分析方法,经验表明,用这种方法设计出的测试用例发现程序错误的能力最强。

(2) 必要时,用等价类划分方法补充一些测试用例,包括输入条件和输出条件的等价划分,将无限测试变成有限测试,这是减少工作量和提高测试效率有效的方法。

(3) 用错误推测法再追加一些测试用例,这需要依靠测试工程师的智慧和经验。

(4) 对照程序逻辑,检查已设计出的测试用例的逻辑覆盖程度,如果没有达到要求的覆盖标准,应当再补充足够的测试用例。

(5) 如果程序的功能说明中含有输入条件的组合情况,则一开始就可选用因果图法。

(6) 对于参数配置类的软件,要用正交试验法选择较少的组合方式来达到最佳效果。

(7) 利用功能图法,可以通过不同时期条件的有效性,设计不同的测试数据。

(8) 对于业务流清晰的系统,可以利用场景法贯穿整个测试用例设计过程,在用例中综合使用各种测试方法。

对应于软件测试方法,软件测试用例的常用设计方法也可以分为等价类划分法(单个输入条件,输入为数值的情况)、边界值分析法(单个输入条件,输入类型可以是数值、字符等情况)、错误推测法、因果图法(考虑输入的组合,特别适用于多个输入条件有关联又相互约束的情况)、判定表驱动法、正交试验设计法、功能图法(用来设计程序的控制结构的测试用例,有顺序、选择、重复 3 种控制结构)等。这些方法是比较实用的,但采用什么方法,要针对开发项目的特点对方法加以适当的选择。

测试用例可以分为基本事件、备选事件和异常事件。

设计基本事件的用例,应该参照用例规约(或规格说明书),根据关联的功能、操作,按路径分析法设计测试用例。而对孤立的功能则直接按功能设计测试用例。基本事件的测试用例应包含所有需要实现的需求功能,覆盖率达 100%。

设计备选事件和异常事件的用例则要复杂和困难得多。例如,字典的代码是唯一的,不允许重复。测试需要验证字典新增程序中已存在有关字典代码的约束,若出现代码重复,必须报错,并且报错文字正确。往往在设计编码阶段形成的文档对备选事件和异常事件分析描述得不够详尽。而测试本身则要求验证全部非基本事件,并同时尽量发现其中的软件缺陷。

7.3.5 测试用例的编写

软件产品或软件开发项目的测试用例一般以该产品的软件模块或子系统为单位,形成一个测试用例文档,但并不是绝对的。

测试用例文档由简介和测试用例两部分组成。简介部分包括了测试目的、测试范围、术语定义、参考文档、概述等。测试用例部分逐一列示各测试用例。每个具体测试用例都将包括下列详细信息:用例编号、用例名称、测试等级、入口准则、验证步骤、期望结果(含判断标准)、出口准则、注释等。以上内容涵盖了测试用例的测试索引、测试环境、测试输入、测试操作、预期结果以及评价标准等基本元素。

7.4　测试执行

7.4.1　测试用例执行

测试用例开始执行的条件或标准是什么呢？什么时候可以停止测试呢？

1. 测试开始标准

满足以下条件,测试可以开始。

(1) 测试计划评审通过。

(2) 测试用例已编写完成,并已通过评审。

(3) 测试环境已搭建完毕。

2. 测试停止标准

满足以下条件,测试可以正常停止。

(1) 缺陷状态为"关闭"(Closed)或"推迟"(Later)状态。

(2) 在系统测试中发现的错误已经得到修改,各级缺陷修复率达到规定的目标。

(3) 缺陷密度需要符合软件要求的范围。

(4) 测试用例全部通过。

(5) 需求覆盖率达到 100%。

(6) 确认系统满足产品需求规格说明书的要求。

3. 测试的中止

当出现如下问题时,测试可以中止。

(1) 半数以上测试用例无法执行。

(2) 测试环境与要求不符。

(3) 测试中的需求经常变动。

提示：在执行测试时需要注意如下几点。

(1) 确认搭建的测试环境和用例执行的环境需要一致,否则将严重影响测试用例的执行。

(2) 注意测试用例中的前提条件和特殊规程说明。因为有些测试软件是有顺序性的,相应地测试用例会有一些执行前提或特殊说明。如果忽略这些内容,可能会导致测试用例的无法执行。

(3) 测试用例要按步骤全部执行,每条用例至少执行一遍,才能保证待测试软件能正确满足用户需求。在用例设计时就要求做到覆盖所有需求,每个用例都和某个需求相对应。

(4) 执行测试用例时,要详细记录软件系统的实际输入/输出,仔细对比实际输入和测试用例中的期望输入是否一致。如果不一致,要从多个角度多测试几次,尽量详细地确定软件出错的位置和原因,并测试确定该错误会不会导致更严重的错误出现。最后,把详细的输入和实际的输出以及描述写到测试报告中。

(5) 不要放过任何偶然现象。测试时可能会发现某用例执行软件会出错,但是再次执行时该错误又不再重现。其实,这种错误才是隐藏最深的、最难发现的错误。发现时,要仔细分析这种情况,不要放过任何小的细节,多测试几次,准确找出问题的原因。

例如,在测试人力资源软件"组织机构维护"界面过程中,组织机构树中的所有机构名称通常都能够正常显示,偶然一次发现不能够正常显示,所有的机构名称不可见,于是就反复地执行,最后发现是由于单击按钮事件造成 Java 脚本错误。开发人员针对这种情况,添加了"加载中,请稍候"的处理,禁止此时用户单击按钮,问题因此得到了解决。

7.4.2 测试数据记录

对测试的数据进行记录,也就是把测试中实际得到的动态输出(包括内部生成数据输出)结果与对动态输出的要求进行比较,描述其中的各项发现。对于测试过程的记录,应该包括 Who、When、Where、What 和 How 等几方面的数据信息。

(1) 什么人(Who):测试执行人员以及测试用例的负责人。负责人负责指定一个测试用例运行时发现的缺陷,以及由哪一个开发人员负责分析(有时是另外的开发人员引进的缺陷而导致的错误)和修复。

(2) 什么时候(When):测试在何时开始、何时通过以及测试日程的具体安排。

(3) 什么环境(Where):在何种软、硬件配置的环境下运行,包括硬件型号、网络拓扑结构、网络协议、防火墙或代理服务器的设置、服务器的设置、应用系统的版本(包括被测系统以前发布的各种版本)以及相关的或依赖性的产品。

(4) 做了什么(What):使用了什么测试方法、测试工具以及测试用例。

(5) 结果如何(How):通过或失败。通过是所有测试过程(或脚本)按预期方式执行至结束。如果测试失败,又分为提前结束(测试过程中脚本没有按预期方式执行,或没有完全执行)和异常终止两种。测试异常终止时,测试结果可能不可靠。在执行任何其他测试活动前,应确定并解决提前结束或异常终止的原因,然后重新执行测试。

测试执行过程中,如果测试执行步骤与测试用例中的描述有差异,一定要记录下来,作为日后更新测试用例的依据。如果测试的软件产品有运行日志、用户操作日志,也应该在每个测试用例执行后记录相关的日志文件,一旦日后发现问题,开发人员就可以通过这些测试记录来定位问题,而不必让测试人员重新搭建测试环境、重现问题。

7.4.3 测试沟通

最直接的通报方法是使用测试管理工具,由系统自动给测试管理者及测试用例负责人发送电子邮件,这对于分布式的开发和测试会更加有效。邮件内容的详细程度可根据需要灵活决定。

测试执行过程中,如果确认发现了软件的缺陷,应马上提交问题报告单。如果这个可疑问题无法确认是否为软件缺陷,则需要保留现场,然后通知相关开发人员到现场定位问题。

开发人员在短时间内可以确认是否为软件缺陷,测试人员应给予配合;而开发人员定位问题需要花费较长时间时,测试人员可以让开发人员记录出现问题的测试环境配置,然后回到自己的开发环境上重现问题,继续定位新的问题。

测试执行过程中,测试人员提交了问题报告单后,可能会被开发人员无情地驳回,拒绝修改。

这时,测试者需要采取一定的交流策略,首先,测试人员在打算说服开发人员之前,应考虑是否能够先说服自己,在保证可以说服自己的前提下,再开始与开发人员交流。其次,找出公司或者软件工程规范定义软件缺陷的标准原则,从而使开发人员和测试人员有共同认可的原则,这样,开发人员与测试人员对问题的争执就可以避免。

7.4.4　测试用例验证

测试实施过程的重点之一是验证测试用例的有效性,并且对测试用例库的内容进行增加、删除和修改。

将所有执行过的测试用例进行分类,基于测试策略和历史数据的统计分析(包括测试策略和缺陷的关联关系),构造有效的测试套件,然后在此基础上建立要执行的测试任务,这样的任务分解有助于进度和质量的有效控制,可以减少风险。

对所有测试用例、测试套件、测试任务和测试执行的结果,通过测试管理系统进行管理,使测试执行的操作过程记录在案,具有良好的控制性和追溯性,有利于控制测试进度和质量。

有效的测试用例能提高测试的效率,Ross Collard 在 *Use Case Testing* 一文中说:测试用例的前 10% 到 15% 可以发现 75% 到 90% 的重要缺陷。因此,在测试过程中要验证用例的有效性,从中找出高效的测试用例,更新到用例库中去。

7.5　缺陷提交

7.5.1　缺陷管理

软件中的缺陷(Defect 或 Bug)是软件开发过程中的“副产品”。通常,缺陷会导致软件产品在某种程度上不能满足用户的需要。

每一个软件组织都知道必须要妥善处理软件中的缺陷。这是关系到软件组织生存、发展的重要问题。遗憾的是,并非所有的软件组织都知道如何有效地管理自己软件产品中的缺陷。一般而言,缺陷的跟踪和管理需要达到以下两个目标:一是确保每个被发现的缺陷都能够被解决,二是收集缺陷数据并根据缺陷趋势曲线识别和预防缺陷的频繁发生。

在谈到缺陷管理时,多数人都只会想到如何修正缺陷,却容易忽视根据缺陷分析进行有效的缺陷预防。其实,在一个运行良好的项目开发中,缺陷数据的收集和分析是很重要的,从缺陷数据中可以得到很多与软件质量相关的数据。例如通过缺陷趋势曲线来确定测试过程是否结束,是常用并且较为有效的一种方式。常见的缺陷数据统计图、表包括缺陷趋势图、缺陷分布图、缺陷及时处理情况统计表等。

7.5.2　缺陷跟踪

测试缺陷跟踪是软件工作的一个重要部分,测试的目的是尽早发现软件系统中的缺陷。因此,对缺陷进行追踪,确保每个被发现的缺陷都能够及时得到处理是测试工作的一项重要内容。

执行测试的过程中,我们需要记录一些必要的信息项。分析缺陷活动中必须收集的一些数据项目应该包括缺陷的严重等级、缺陷所在的模块、缺陷发现/关闭的时间、缺陷所在的版本号、缺陷的发现者、负责修改缺陷的开发人员、修复缺陷而改动的代码行数、产生缺陷的根本原因等。

软件缺陷能够引起软件运行时产生的一种不希望或不可接受的外部行为结果，软件测试过程是围绕缺陷进行的，对缺陷的跟踪管理一般而言需要达到以下的目标。

（1）确保每个被发现的缺陷都能够被解决。这里解决的意思不一定是被修正，也可能是其他处理方式（例如，在下一个版本中修正或是不修正），总之，对每个被发现的 bug 的处理方式必须能够在开发组织中达到一致。

（2）收集缺陷数据并根据缺陷趋势曲线识别测试过程的阶段。决定软件测试过程是否结束有很多种方式，通过缺陷趋势曲线来确定测试过程是否结束是常用并且较为有效的一种方式。

收集缺陷数据并在其上进行数据分析来作为组织的过程资产。

为了更有效地跟踪缺陷，统计和分析缺陷，可以使用缺陷跟踪管理软件。目前已有的缺陷跟踪管理软件包括 HP 公司推出的 ALM 软件（商业软件）、Compuware 公司的 Track Record 软件（商业软件）、轻量级的开源缺陷跟踪系统 Mantis 以及国产的开源项目管理软件等。这些软件在功能上各有特点，可以根据实际情况选用。当然也可以自己开发缺陷跟踪软件，例如基于 Notes 或是 ClearQuest 开发缺陷跟踪管理软件。

7.6　测试总结

软件测试并不仅仅是为了要找出错误。通过分析错误产生的原因和错误的分布特征，可以帮助项目管理者发现当前所采用的软件过程的缺陷，以便改进。同时，这种分析也能帮助我们设计出有针对性的检测方法，改善测试的有效性。软件测试可以给最终用户提供具有一定可信度的质量评价。

7.6.1　测试数据整理

测试数据整理是缺陷数据统计的前期准备，要删除重复的和不重要的测试数据，修改不确切的描述，然后生成缺陷数据统计图表，包括缺陷趋势图、缺陷分布图、缺陷及时处理情况统计表等。测试执行要进行有效监控，包括测试执行效率、bug 历史情况和发展趋势等。根据获得的数据，必要时对测试范围、测试重点等进行调整，包括对测试人员的调整、互换模块等手段，提高测试覆盖度，降低风险。

7.6.2　测试用例修订

测试用例修订要删除重复的和不重要的测试用例，修改不确切的描述，补充需要的测试用例，以保证测试用例库的可用性，为产品改进或项目复用打下良好的基础。

7.6.3　测试用例维护

为了最大限度地满足客户的需要和适应应用变化的要求，软件在其生命周期中会频繁地被修改并不断推出新的版本，修改后的软件或新版本的软件会添加一些新的功能或者在软件功能上产生某些变化。软件变化后,其自身的功能和应用接口以及实现发生了演变,测试用例库中的一些测试用例可能会失去针对性和有效性,还有一些测试用例将完全不能运行。为了保证测试用例库中测试用例的有效性,必须对测试用例库进行维护。同时,对于被修改的或新增添的软件功能,仅重新运行以前的测试用例并不足以揭示其中的问题,有必要追加新的测试用例来测试这些新的功能或特征。因此,测试用例库的维护工作还应包括开发新测试用例,这些新的测试用例用来测试软件的新特征或者覆盖现有测试用例无法覆盖的软件功能或特征。

测试用例库的维护是一个不间断的过程,通常可以将软件开发的基线作为基准,维护的主要内容包括删除过时的测试用例、改进不受控制的测试用例、删除冗余的测试用例以及增添新的测试用例等几个方面工作。

根据产品特性和测试用例一致性的原则,按下面几种情况分别处理。

(1) 产品特性没变,只是根据最近的修订特性来完善测试用例,这时,修改的测试用例对目前和以前的版本都有效。

(2) 原有产品特性发生了变化,不是新功能,而是功能增强,这时,原有的测试用例只对先前版本有效,而对新的版本无效,此时只能增加新的测试用例,而不是修改原来的测试用例。原有的测试用例依然对原有版本有效。

(3) 原有功能取消时,只要在新版本上将与之对应的测试用例状态置为无效即可。

(4) 完全新增加的特性,需要增加对应的、新的测试用例。

这样,新旧版本的相同测试用例得到一致的维护,测试用例数也不会成几倍甚至十几倍的增加,可以真正保证测试用例的完整性和有效性。

通过对测试用例库的维护,不仅改善了测试用例的可用性,而且也提高了测试库的可信性,同时还可以将一个基线测试用例库的效率和效用保持在一个较高的级别上。

7.7 测试管理工具

一个好的测试管理工具应该把以上测试阶段都能管理起来,HP 公司的 ALM(Application LifeCycle Management)是目前主流的测试管理平台之一,其前身是 TD(TEST Director)。ALM 的标准测试管理流程中涵盖了测试需求、测试计划、测试执行和缺陷跟踪管理 4 个测试过程的主要方面。

7.7.1 测试需求管理

测试要尽早进行,所以测试人员应该在需求阶段就介入,并贯穿软件开发的全过程。

定义测试需求是为了覆盖和跟踪需求,确保用户的各项需求得到了开发和测试的验证。在 ALM 中提供了测试需求的管理功能,可以对需求进行添加删除和修改。

ALM 支持从录入的需求项直接转换成测试计划中的测试主题(范围)、测试步骤。在需求模块中选择需要转换的测试需求项,然后通过转换为测试可以按照向导的指引,一步步地将测试需求项转换为所需要的测试用例、测试步骤,转换后在测试计划模块可以查看转换的结果。

7.7.2　测试计划管理

在 ALM 的测试计划模块中,可以用一个树结构来组织测试用例。测试用例是测试计划的细化表现,测试用例告诉测试人员如何执行测试,覆盖测试需求。测试用例的设计和编写是测试过程管理的重点。ALM 在测试计划模块提供了测试计划树用来组织测试范围、主题和要点,测试用例则放在测试计划中,ALM 提供了完善的测试用例编辑和管理功能。

在 ALM 中设计测试用例的各个步骤,首先要选中某个主题的测试用例,然后在主题中添加测试步骤。测试步骤可以设置名称和预期结果、附件等相关的信息。

对于一些测试用例是公用的,可被很多测试用例调用的情况。ALM 还提供了复制机制,让测试用例设计模块化、参数化。

设计测试用例的目的是为了覆盖测试需求项,只有测试需求项都得到了一定程度的覆盖,并且执行了相应的测试用例,才能说用户的需求得到了充分的验证。ALM 提供了需求覆盖的功能,可以将测试需求项链接到测试用例。

7.7.3　测试执行

在设计测试用例以后,如果被测试的程序也准备就绪了,就可以进行测试任务的定义以及测试任务的分配,由测试人员来执行测试用例。ALM 在测试实验室(Test Lab)模块提供了定义测试集、选择测试用例、执行测试用例、登记测试执行情况的功能。

为了方便测试任务的分配,可以把一些测试用例打包成测试集(Test Set),对测试集可以分配工作周期、添加附件,还可以对测试集添加概要图,以便进行活动分析。添加测试集后,就可以为测试集添加测试用例了。

创建了测试集就可以进行测试用例的添加了,添加好之后就可以选择测试集执行测试,运行测试用例时可以输入参数,在实际测试结果中标记测试步骤是否通过。

7.7.4　缺陷登记与跟踪

在执行测试的过程中,如果发现了被测程序的缺陷,则需要将 bug 录入到 ALM 中进行跟踪。

可以在测试实验室的测试执行过程中登记和录入缺陷,也可以切换到缺陷模块并在缺陷模块中新建缺陷,一般常见的缺陷登记字段包括如下内容。

(1) 摘要:缺陷的简要描述、标题。

(2) 优先级:选择缺陷的优先级。

(3) 严重程度:缺陷的严重级别。

(4) 状态:缺陷生命周期中的各个状态。

(5) 检测版本:在软件的哪个版本发现的缺陷。

(6) 描述:缺陷的具体描述。

把录入的缺陷链接到测试,这样有利于统计测试用例执行的缺陷发现率。链接的方法是打开测试计划树,选择某个测试用例,利用链接的缺陷选项,将缺陷链接到测试用例。链接之后,在缺陷模块中被链接的缺陷也可以看到链接的测试用例有哪些。

7.7.5　生成测试报告的图表

在做完一轮测试之后,测试人员应该编写测试报告,详细描述测试的过程和测试的结果,分析软件的质量情况。在 ALM 中可以生成跟踪类型的报告图表,比如缺陷的状态报告图表,这些图表是测试数据的重要部分。

7.8　本章小结

本章首先介绍了软件测试流程的具体阶段测试需求、测试用例、测试执行、缺陷提交以及测试总结。测试计划是对将要执行的测试过程的整体规划安排进行说明,用于指导测试过程,测试需求是测试计划的基础与重点,测试用例是对软件产品进行具体测试任务的描述,测试执行是依据前面输出的阶段性文档进行执行,其中包括了缺陷提交。最后对测试工作进行总结,分析错误产生的原因和错误的分布特征,可以帮助项目管理者发现当前所采用的软件过程的缺陷以便改进。通过测试管理工具 ALM 可以贯穿测试过程的全部阶段,更加便利地管理软件测试过程,生成测试数据。

7.9　练习题

1. 判断题

(1) 测试计划是对将要执行的测试过程的整体规划安排进行说明,用于指导测试过程。

　　　　　　　　　　　　　　　　　　　　　　　　　　　　　　(　　)

(2) 测试需求是开发人员根据用户需求说明书和开发设计说明书编写的。　(　　)

(3) 软件中的缺陷是软件开发过程中的"副产品"。　　　　　　　　　(　　)

(4) 缺陷的跟踪管理需要确保每个被发现的缺陷都能够被解决。　　　(　　)

(5) 测试用例在测试执行完成以后就可以废弃了。　　　　　　　　　(　　)

2. 选择题

(1) 收集测试需求的主要途径是(　　)。

　　A. 软件需求规格　　B. 用例　　　　　　C. 界面设计　　　　D. 会议记录

(2) 测试用例包括的基本内容为(　　)。

　　A. 测试要求　　　　B. 设计约束　　　　C. 测试步骤　　　　D. 预期结果

(3) 以下属于测试开始标准的是(　　)。

　　A. 测试计划编写完并评审通过

　　B. 测试环境准备妥当

　　C. 测试用例已编写完成

　　D. 测试用例已编写完成并已通过评审

(4) 不需要进行测试数据记录的是(　　)。

　　A. 测试环境　　　　B. 测试时间　　　　C. 测试方案　　　　D. 测试人员

（5）维护测试用例库中，下面说法不正确的是（ 　　 ）。

    A. 产品特性没变，只是根据最近的修订特性来完善测试用例，这时，修改的测试用例对目前和以前的版本都有效

    B. 原有产品特性发生了变化，不是新功能，而是功能增强，这时，原有的测试用例对新的版本也是有效的，此时只需要增加增强部分的测试用例即可

    C. 原有功能取消时，只要在新版本上将与之对应的测试用例状态置为无效即可

    D. 完全新增加的特性，需要增加对应的、新的测试用例

3. 简答题

（1）概述软件测试流程。

（2）如何进行软件测试需求的收集？

第三篇

软件测试技术

第8章 自动化测试

 本章目标

- 掌握自动化测试概念。
- 掌握自动化测试流程。
- 了解自动化测试框架。
- 了解自动化测试工具。

通常,软件测试的工作量很大。据统计,测试会占用到40%的开发时间;一些可靠性要求非常高的软件,测试时间甚至占到开发时间的60%。而测试中的许多操作是重复性的、非智力性的和非创造性的,并要求开发人员做准确、细致的工作,因此,计算机就最适合于代替人工去完成这样的任务。

软件自动化测试是相对手动测试而存在的,主要是通过所开发的软件测试工具、脚本等来实现,具有良好的可操作性、可重复性和高效率等特点。比如,可以使用 Quality Center 管理测试流程、使用 QTP 做自动化测试、使用 LoadRunner 做自动化性能测试。

8.1 自动化测试概述

8.1.1 自动化测试的定义

自动化测试是把以人为驱动的测试行为转化为机器执行的一种过程,即模拟手动测试步骤,通过执行程序语言编制的测试脚本自动地测试软件,包括了所有测试阶段,它是跨平台兼容的,并且是与进程无关的。

实际上对自动化测试有两种说法——自动化测试(Automated Test)和测试自动化(Test Automation),如果严格区分,可以将它看作是两个概念。

(1)自动化测试。说明由测试工具自动地执行某项软件测试任务,自动化处理的范围比较小。例如通过某个软件工具完成应用系统的功能测试和性能测试等测试执行工作,而测试计划、设计和管理等其他工作还是由手工完成的。

(2)测试自动化。说明整个测试过程都是由计算机系统完成的,体现了更理想的自动化思想,有更广的范畴和更大的挑战。它不仅要求由测试工具完成测试的执行,而且要求测试的设计和管理也能由系统自动完成。

自动化测试就是希望能够通过自动化测试工具或其他手段,按照测试工程师的预订计划进行自动的测试,目的是减轻手动测试的劳动量,从而达到提高软件质量的目的。通过对工具的使用,增加或减少了手工或人为参与或干预非技巧性、重复或冗长工作。自动化测试的目的在于发现已有缺陷;而手动测试的目的在于发现新缺陷。

简而言之,所谓的自动化测试就是将现有的手动测试流程实现自动化。要实施自动化测试的公司或组织,本身必须要有一套正规的手动测试流程。而这个正规的手动测试流程至少要包含如下的条件。

(1)详细的测试个案:从商业功能规格或设计文件而来的测试个案,包含可预期的预期结果。

(2)独立的测试环境:包含可回复测试资料的测试环境,以便在应用软件每次变动后,都可以重复执行测试个案。

假如目前的测试流程并未包含上述条件,即使导入了自动化测试,也不会得到多大的好处。所以,假如测试方法只是将应用软件移转到一群由使用者或专家级使用者组成的测试团队,然后任由他们去敲击键盘执行测试工作,那么,首要工作是建立一个有效的测试流程,而不是进行自动化测试,因为要使一项不存在的流程实现自动化是完全没有意义的。

自动化测试最实际的应用与目的是自动化回归测试(Regression Testing)。也就是说,必须要有用来储存详细测试个案的数据库,而且这些测试个案是可以重复执行于每次应用软件被变更后,以确保应用软件的变更没有产生任何因为不小心所造成的影响。

自动化测试脚本同时也是一段程序。为了更有效地开发自动化测试脚本,必须和一般软件开发的过程一样,建立制度以及标准。要更有效地运用自动化测试工具,至少要有一位受过良好训练的技术人员,还至少要有一位程序员。

8.1.2　自动化测试的优缺点

1. 自动化测试的优点

相较于手动测试来说,自动化测试在提高测试效率、节省人力资源等方面具备很多优势,具体如下。

(1)对回归测试更方便、可靠:进行回归测试,要测试系统的所有功能模块,周期较长的回归测试工作量大,测试比较频繁,适合自动化测试。由于测试的脚本和用例都是设计好的,测试期望的结果也可以预料,将回归测试自动化,可以极大地提高效率,缩短回归时间。

(2)模拟真实情况:可以执行手动测试无法执行的测试,比如同时并发出现上千用户测试系统的负载量,测试人员无法达到测试目的,而使用自动化测试工具可以模拟多用户的并发过程。

(3)有效地利用人力、物力资源:频繁执行的机械化的动作可以用自动化测试完成,减少错误的发生,更好地利用人力资源。

(4)测试的重复利用:由于自动化测试通常使用的是自动化脚本技术,这样就可以只需要做较少的修改甚至是不修改,就可以实现在不同的测试过程中使用相同的用例。

(5)减少人为的错误:自动化测试是由机器完成的,不存在执行过程中人为的疏忽和错误,测试设计完全决定了测试的质量,可以减少人为造成的错误。

（6）多环境下测试：一个系统往往会被要求能支持各种不同的环境并稳定运行，如果每一种环境组合都用人力来完成，那么研发周期会成倍增加，而自动化可以发挥其优势与作用，由计算机代劳，在不同的环境组合中运行。

2. 自动化测试的缺点

自动化测试也不是万能的，它自身也有一些缺点，具体如下。

（1）永远不可能代替手动测试：自动化脚本无法做到手动测试的覆盖率，不是每个测试用例都适合转换成自动化测试用例。复杂性极强的操作也只能通过手动测试来完成，如果写成代码会十分麻烦，得不偿失。比如验证当前页面的布局是否正确，就不能用自动化测试。

（2）无法完全保证测试的正确性：自动化测试是由脚本组成的，它的核心仍然是代码。简单来说，自动化测试就是用一种程序测试其他程序，是程序就会有缺陷，所以不能保证测试工程师开发的脚本就一定没有缺陷，如果代码有逻辑错误，哪怕是一个条件判断的误写，也会导致测试结果完全出错，当然对于自动化测试工程师来说，大多数的错误还是会在脚本调试中避免的。

（3）手动测试发现的缺陷远比自动化测试发现得多：自动化测试几乎无法发现新缺陷，大多是用来发现曾经发现过的缺陷在每个新版本下有没有重新出现。自动化测试更适合缺陷预防，而不是发现更多缺陷，自动化测试最大的用途就是回归。

（4）对测试质量的依赖性极大：自动化测试的运行，首先是建立在手动测试质量稳定的大条件下，如果当前版本测试的质量不够稳定，运行自动化测试不会顺利，几乎是一种白白浪费时间的行为。

（5）测试自动化可能会制约软件发展：由于自动化测试比手动测试更脆弱，以及脚本维护受到限制，从而制约软件的开发。

（6）自动化工具一般比较死板：自动化测试无法做到像人类一样随心所欲地创造，自动化测试的好坏完全取决于测试负责人和测试开发工程师的思想与技术，与自动化测试工具没有任何关系，所有程序都是依靠输入代码的方式来告诉工具该怎么做。

（7）成本投入高，风险大：自动化测试需要很大的成本投入，并且没有良好的成本分析与控制手段，以及自动化测试计划与执行过程控制，那么往往会导致自动化测试项目失败，白白浪费人力、物力，还得不到任何回报。

（8）自动化测试要求相对较高：自动化测试工程师要有一定的开发背景，开发技术越高，脚本质量也就越高，效果就越好。

8.1.3　自动化测试适用范围

自动化测试不是适合所有公司、所有项目，以下情况适合自动化测试。

1. 产品型项目

产品型的项目中的每个项目只改进少量的功能，但每个项目必须反反复复地测试那些没有改动过的功能。这部分测试完全可以让自动化测试来承担，同时可以把新加入功能的测试也慢慢地加入到自动化测试中。

2. 增量开发、持续集成的项目

由于这种开发模式是频繁地发布新版本进行测试，也就需要频繁地自动化测试，以便把人从中解脱出来测试新的功能。

3. 回归测试

回归测试是自动化测试的强项,它能够很好地验证是否引入了新的缺陷,已有的缺陷是否修改过来了。在某种程度上可以把自动化测试工具叫作回归测试工具。

4. 多次重复、机械性操作

自动化测试最适用于多次重复、机械性动作,这样的测试对它来说从不会失败。比如,要向系统输入大量的相似数据来测试。

5. 需要频繁进行测试

在一个项目中需要频繁地进行测试,测试周期按天算,就能最大限度地利用测试脚本,提高工作效率。

6. 性能、压力测试

实现多人同时对系统进行操作时对系统是否能正常处理和响应,以及系统可承受的最大访问量进行测试。

8.2　自动化测试的流程

自动化测试遵循软件测试的基本流程,需要分析测试需求,设计自动化测试用例,搭建自动化测试框架并设计测试脚本,执行自动化测试并分析测试结果。图 8-1 所示为自动化测试流程。

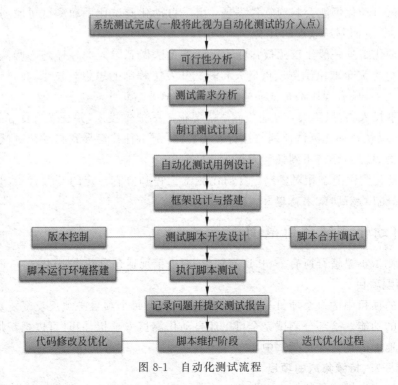

图 8-1　自动化测试流程

1. 自动化测试需求分析

当测试项目满足自动化的前提条件,并确定在该项目中需要使用自动化测试时,便可以开始自动化测试需求分析。自动化测试需求分析就是要弄清楚用户需要的是什么功能,用户会怎样使用系统,这样测试的时候才能更加清楚地知道系统该怎么样运行,才能更好地设计测试用例并进行测试。经过需求分析,对原始需求列表中列出的每一个需求点,找到需要测试的测试要点;针对所确定的测试要点,分析测试执行时对应的测试方案/方法。

2. 自动化测试计划的制订

在展开自动化测试之前,最好做个测试计划,明确测试对象、测试目的、测试项目的内容、测试的方法、测试的进度要求,并确保测试所需的人力、硬件、数据等资源都准备充分。制订好测试计划后,下发给用例设计者。

3. 自动化测试用例设计

根据分析的测试需求点,设计出能够覆盖所有需求点的测试用例,形成专门的测试用例文档。由于不是所有的测试用例都能用自动化来执行,所以需要将能够执行自动化测试的用例汇总成自动化测试用例。必要时,要将登录系统的用户、密码、产品、客户等参数信息独立出来形成测试数据,便于脚本开发。

4. 自动化测试框架设计

自动化测试框架就像软件架构一样,定义了在使用该套脚本时需要调用哪些文件、结构、调用过程以及文件结构划分等。自动化测试框架需要考虑一些典型要素,在测试用例中抽取出公用的元素放入已定义的文件,设定好调用过程。这些典型要素如下。

(1)公用的对象。不同的测试用例会有一些相同的对象被重复使用,如窗口、按钮、页面等。这些公用的对象可被抽取出来,在编写脚本时随时调研。当这些对象的属性因为需求的变更而改变时,只需修改该对象的属性即可,无须修改所有相关的测试脚本。

(2)公用的环境。各测试用例也会用到相同的测试环境,将该测试环境独立封装,在各测试用例中灵活调用,也能增强脚本的可维护性。

(3)公用的方法。当测试工具没有需要的方法时,而该方法又会被经常使用,我们便需要自己编写该方法,以方便脚本的调用。

(4)测试数据。如果一个测试用例需要执行很多个测试数据,我们就可以将测试数据放在一个独立的文件中,由测试脚本执行到该用例时读取数据文件,从而达到数据覆盖的目的。

5. 自动化测试脚本开发设计

根据自动化测试用例和问题的难易程度,采取适当的脚本开发方法编写测试脚本。一般先通过录制的方式获取测试所需要的页面控件,然后再用结构化语句控制脚本的执行,插入检查点和异常判定反馈语句,将公共普遍的功能独立成共享脚本,必要时对数据进行参数化。当然还可以用其他高级功能编辑脚本,比如描述性编程等方式编写脚本。脚本编写好了之后,需要反复执行,不断调试,直到运行正常为止。脚本的编写和命名要符合管理规范,以便统一管理和维护。

6. 自动化测试脚本执行

搭建测试环境并进行自动化测试脚本的执行。由于自动化测试的脚本编写需要录制页面控件及添加对象等,测试环境的搭建,包括被测系统的部署、测试硬件的调用、测试工具的安装盒设置、网络环境的布置等。脚本的测试与运行并不是把每一个测试用例形成的脚本单独测试,这是一种半自动化的测试,会影响自动化测试效率,甚至不能满足夜间执行的特殊要求。而且单个用例测试通过,并不意味着多个甚至所有的测试用例就不会出错。输入数据及测试环境的改变,都会导致测试结果受到影响甚至失败。所以,脚本执行需要分析脚本结构,结合具体的业务流程设置事务、执行路径等,对脚本进行不断地调试,查看多个脚本不能依计划执行的原因,同时需要经过多轮的脚本调试运行,以保证测试结果的一致性和精确性。

7. 记录问题并进行分析总结

脚本执行后应记录执行结果,并及时对自动化测试结果进行分析,以便尽早地发现缺陷。如果采用开源自动化测试工具,建议对其进行二次开发,以便与测试部门选定的缺陷管理工具紧密结合。理想情况下,自动化测试案例运行失败后,自动化测试平台就会自动上报一个缺陷。测试人员需要确认这些自动上报的缺陷是否是真实的系统缺陷。如果是系统缺陷就提交开发人员修复,如果不是系统缺陷就检查自动化测试脚本或者测试环境。开发人员修复问题后,需要对此问题执行回归测试,就是重复执行一次该问题对应的脚本,执行通过则关闭,否则继续修改。如果问题的修改方案与客户达成一致,但与原来的需求有所偏离,那么在回归测试前,还需要对脚本进行必要的修改和调试。

8.3　自动化测试的框架

8.3.1　自动化测试框架的概念

在了解什么是自动化测试框架之前,先要了解一下什么叫框架?框架是整个或部分系统的可重用设计,表现为一组抽象构件及构件实例间交互的方法;另一种定义认为,框架是可被应用开发者定制的应用骨架。前者是从应用方面,而后者是从目的方面给出的定义。从框架的定义可以了解,框架可以是被重用的基础平台,框架也可以是组织架构类的东西。其实后者更为贴切,因为框架本来就是组织和归类所用的。框架天生就是为扩展而设计的,本身一般不完整,但可以解决特定问题,可以为后续扩展的组件提供很多辅助性、支撑性的方便易用的工具,也就是说框架是配套了一些帮助解决某类问题的库或工具。

按照框架的定义,自动化测试框架要么是提供可重用的基础自动化测试模块,如Selenium、Watir 等,它们主要提供最基础的自动化测试功能,比如打开一个程序,模拟鼠标和键盘来单击或操作被测试对象,最后验证被测对象的属性以判断程序的正确性;要么是可以提供自动化测试执行和管理功能的架构模块,如 Phoenix Framework、Robot、STAF 等,它们本身不提供基础的自动化测试支持,只是用于组织、管理和执行那些独立的自动化测试用例,测试完成后统计测试结果,另外,这类框架一般会集成一个基础自动化测试模块,如Robot 框架就可以集成 Selenium 框架,Phoenix Framework 集成的也是 Selenium 框架。

简而言之,自动化测试框架是为了管理自动化测试,使测试更高效的一种架构,它将用例、脚本、数据、报告、日志等组件有机地结合到一起。

- 日志(Log):包括日志记录和管理功能。针对不同的情况,应设置不同的日志级别,方便定位问题。

- 报告(Report)：包括测试报告生成和管理以及即时通知。实现测试结果的快速响应。
- 资源(Source)：包括配置文件、静态资源的管理。遵循高内聚、低耦合原则。
- 公共组件(Common)：包括公共函数、方法以及通用操作的管理。遵循高内聚、低耦合原则。
- 测试用例(Test Case)：包括测试用例管理功能。一个功能点对应一个或者多个用例，尽可能地提高覆盖率。
- 测试数据(Test Data)：包括测试数据管理功能。可使数据与脚本分离，降低维护成本，提高可移植性。
- 测试组件(Test Suite)：包括测试组件管理功能。针对不同场景、不同需求，组建不同的测试框架，遵循框架的灵活性和扩展性原则。
- 结果统计(Statistics)：包括测试结果统计管理功能。每次应对执行测试的结果进行统计、分析、对比以及反馈，并以数据驱动，为软件优化和流程改进提供参考。
- 持续集成(Continuous)：包括持续集成环境，即 CI 环境。具体内容包括测试文件提交、扫描编译、执行测试、生成报告及时通知等功能。持续集成是自动化测试的核心。

8.3.2　自动化测试框架的分类

按框架的定义来分，自动化测试框架可以分为基础功能测试框架、管理执行框架；按不同的测试类型来分，可以分为功能自动化测试框架、性能自动化测试框架；按测试阶段来分，可以分为单元自动化测试框架、接口自动化测试框架、系统自动化测试框架；按组成结构来分，可以分为单一自动化测试框架、综合自动化测试框架；按部署方式来分，可以分为单机自动化测试框架、分布式自动化测试框架。

下面列举两种常见的自动化测试框架。

1. 数据驱动测试框架（Data-Driven Testing Framework，DDT）

数据驱动测试框架主要是以测试数据的结构以及脚本来驱动自动化执行的一种框架结构。在某些情况下，需要使用不同的输入数据集多次测试相同的功能，这意味着不能让测试数据嵌入到测试脚本中。因此，建议将这些测试数据保存在某些外部资源中，它可以是属性文件、XML 文件、MS Excel 表格、文本文件、MS Access 表格、CSV 文件、ODBC 存储库、SQL 数据库等。通过分隔测试脚本逻辑和测试数据，数据驱动的测试自动化框架允许测试人员通过传递不同的测试数据集来创建测试脚本。例如，需要用多个不同的账号和密码来登录某个邮箱，来验证哪些是有效的值，哪些是错误的值，或者哪些值可以导致出错。不同数据执行的操作是一样的，但是测试的数据不同，测试预期的结果也不一样，所以可以把测试数据分离存储成外部文件，然后将测试数据参数化，通过调用测试数据来执行相同的操作部分。

2. 关键字驱动或表驱动测试框架（Keyword-Driven or Table-Driven Testing Framework，KDT）

关键字驱动测试框架源于数据驱动的测试框架，因为它将测试数据与脚本分离，并将特定代码集保存到外部数据文件中。关键字和测试数据存储在表格结构中，因此俗称表格驱动框架。这里,测试数据和关键字是与正在使用的工具无关的实体。此外,它不要求测试人员具备编码知识。它允许测试人员创建多个关键字,为每个关键字关联唯一的操作或功能。它还帮助测试人员创建一个操作或函数库,该库包含读取关键字并调用相关操作的逻辑。关键字驱动框架,将测试脚本分解成"对象+数据+操作方法"的形式,对象即为关键字。然后将这一系列"对象+数据+操作方法"的组合形成测试用例,最终由框架程序将这些测试用例转化为可以执行的测试脚本。

整体说来,数据驱动框架的结构简单,理论上能实现任何复杂逻辑的测试脚本。因为它是纯脚本的框架,所以脚本的维护量很大,它适合能力较强、规模小的自动化测试团队。关键字驱动框架结构复杂,对于一些复杂的测试逻辑比较难以实现(除非编写专用的函数),它可极大地减少脚本的维护量,上手容易,适合较大规模的测试团队。

目前,HP UFT(旧版本叫 QTP)工具是市场上少有的支持这两种思想的自动化测试工具,可以通过这个工具的不同视图及参数化操作直观体会 DDT 及 KDT 思想。

8.4　自动化测试的工具

自动化测试需要借助工具来执行,对测试过程进行记录,产生测试脚本,然后可以对脚本进行回放,达到自动化测试的目的。自动化测试工具可以从两个不同的方面去分类:根据测试方法不同,自动化测试工具可以分为白盒测试工具和黑盒测试工具。根据测试的对象和目的,自动化测试工具可以分为单元测试工具、功能测试工具、负载测试工具、性能测试工具、Web 测试工具、数据库测试工具、回归测试工具、嵌入式测试工具、页面链接测试工具、测试设计与开发工具、测试执行和评估工具、测试管理工具等。

8.4.1　白盒测试工具

白盒测试工具一般是针对被测源程序进行的测试,测试所发现的故障可以定位到代码级。根据测试工具工作原理的不同,白盒测试的自动化工具可分为静态测试工具和动态测试工具。

静态测试工具是在不执行程序的情况下分析软件的特性。静态分析主要集中在需求文档、设计文档以及程序结构方面。按照完成的职能不同,静态测试工具包括以下几种类型:代码审查,一致性检查,错误检查,接口分析,输入/输出规格说明分析检查,数据流分析,类型分析,单元分析,复杂度分析等。

动态测试工具是直接执行被测程序以提供测试活动。它需要实际运行被测系统,并设置断点,向代码生成的可执行文件中插入一些监测代码,掌握断点这一时刻程序运行数据(对象属性、变量的值等),具有功能确认、接口测试、覆盖率分析、性能分析等性能。动态测试工具可以分为:功能确认与接口测试、覆盖测试、性能测试、内存分析等类型。

常用的白盒测试工具有以下几种。

- JUnit:这是一个开放源代码的 Java 测试框架,用于编写和运行可重复的测试,它是用于单元测试框架体系 xUnit 的一个实例(用于 Java 语言)。
- Jtest:这是 Parasoft 公司推出的一款针对 Java 语言的自动化代码优化和测试工

具,它通过自动化实现对 Java 应用程序的单元测试和编码规范校验,从而提高代码的可靠性以及 Java 软件开发团队的开发效率。

- C++ Test:这能自动化测试 C 和 C++ 类、函数或组件,而无须编写单个测试实例、测试驱动程序或桩调用。

- CodeWizard:这是一个代码静态分析工具,先进的 C/C++ 源代码分析工具,使用超过 500 个编码规范自动化地标明危险,但是编译器不能检查到代码结构。

- Insure++:这是一个基于 C/C++ 的自动化进行内存错误、内存泄漏精确检测的工具。

- .TEST:这是专为.NET 开发而推出的使用方便的自动化单元级测试与静态分析工具,使用超过 200 条的工业标准代码规则对所写代码自动执行静态分析。

- BoundsChecker:这是针对 Visual C++ 开发人员的首选运行时错误检测和调试工具。对于编程中的错误,大多数是 C++ 中提供了详细的分析。它能够检测和诊断出在静态、堆栈内存中的错误以及内存和资源泄漏问题。

- TrueTime:能提供测试执行中函数的调用时间,提供详细的应用程序和组件性能的分析,并自动定位到运行缓慢的代码,这样就能帮助程序员尽快地调整应用程序的性能。TrueTime 支持 C++、Java、Visual Basic 语言环境。

- FailSafe:这是 Visual Basic 语言环境下的自动错误处理和恢复工具,FailSafe 将在程序中插入额外的代码。当程序执行时,FailSafe 通过这些插入的代码捕获、记录错误信息。

- JcheckJcheck:这是 DevPartner Studio 开发调试工具的一个组件,使用事件调试技术,可以收集 Java 程序运行中准确的实时信息。

- TrueCoverage:这是一个代码覆盖率统计工具,能通过衡量和跟踪代码执行及代码稳定性,帮助开发团队节省时间和改善代码的可靠性。TrueCoverage 支持 C++、Java、Visual Basic 语言环境。

- SmartCheck:这是针对 Visual Basic 的主要的自动错误检测和调试工具,它能够自动检测和诊断 Visual Basic 运行时的错误,并将一些表达不清楚的错误信息转换为确切的错误描述。

- CodeReview:这是针对 Visual Basic 最好的自动源代码分析工具,它对应用程序的组件、逻辑、Windows 和 Visual Basic 自身潜在的数百个问题进行严格地源代码检查。

8.4.2　黑盒测试工具

黑盒测试工具是在明确软件产品应具有的功能的条件下,完全不考虑被测程序的内部结构和内部特性,通过测试来检验软件功能是否按照软件需求规格的说明正常工作。

1. 黑盒测试工具的分类

按照完成的职能不同,黑盒测试工具可以分为如下几种。

- 功能测试工具:用于检测程序能否达到预期的功能要求并正常运行。

- 性能测试工具:用于确定软件和系统的性能。

- 测试管理工具:用于在软件开发过程中,对测试需求、计划、用例和实施过程进行管理,对软件缺陷进行跟踪处理。

2. 常用的黑盒测试工具

Unified Functional Testing(UFT)是一个 HP 的商业测试工具,前期版本叫 QTP。它

可以测试非常多的应用程序,比如接口 API、Web Services、桌面程序、Web 系统、手机 APP 等。这个工具具有高级的基于图像的识别功能,也可以重用测试组件。UFT 使用 Visual Basic 脚本语言来处理测试过程。UFT 和 HP 公司的一系列测试工具可以很好地集成,比如 Quality Center。

Selenium 是当前针对 Web 系统的最受欢迎的开源免费的自动化工具。Selenium 支持非常多的平台(如 Windows、Mac、Linux)和浏览器(如 Chrome、Firefox、IE 及 Headless Browser),它的脚本可以通过各种不同的语言来编写,比如 Java、Groovy、Python、C♯、PHP、Ruby 及 Perl。

WinRunner 是一种企业级的功能测试工具,用于检测应用程序是否能够达到预期的功能及正常运行。通过自动录制、检测和回放用户的应用操作,WinRunner 能够有效地帮助测试人员对复杂的企业级应用的不同发布版进行测试,提高测试人员的工作效率和质量,确保跨平台的、复杂的企业级应用无故障发布及长期稳定运行。

IBM Rational Robot 是业界最顶尖的功能测试工具,它甚至可以在测试人员学习高级脚本技术之前帮助其进行成功的测试。它集成在测试人员的桌面 IBM Rational TestManager 上,在这里测试人员可以规划、组织、执行、管理和报告所有测试活动,包括手动测试报告。这种测试和管理的双重功能是自动化测试理想的开始。

Watir 全称是 Web Application Testing in Ruby,发音类似 water。Watir 是一款基于 Ruby 语言的开源免费的 Web 系统自动化测试工具。Watir 支持多浏览器的测试,包括 Firefox、OperA、Headless Browser、IE 等。Watir 同样支持数据驱动测试,支持与行为驱动开发模式(BDD)工具的集成,如 RSpec、Cucumber 等。

IBM RFT(IBM Rational Functional Tester)是一个数据驱动测试的框架,可以进行功能测试以及回归测试。它可以测试的应用更广泛,比如,.NET、Java、SAP、Flex 和 Ajax。RTF 支持将 Visual Basic、.NET 和 Java 作为测试脚本语言。RFT 可以和 IBM 公司的管理整个软件生命周期的软件进行良好的集成,比如 IBM Rational Team Concert 以及 Rational Quality Manager。

SoapUI 是一个开源测试工具,通过 Soap/HTTP 来检查、调用、实现 Web Service 的功能/负载/符合性测试。该工具既可以作为一个单独的测试软件使用,也可利用插件集成到 Eclipse、Maven 2.X、Netbeans 和 IntelliJ 中使用。

STAF(Software Test Automation Framework)是由 IBM 开发的开源、跨平台、支持多语言并且基于可重用的组件来构建的自动化测试框架。它封装了不同平台和不同语言间通信的复杂性,提供了消息、互斥、同步、日志等可复用的服务,使用户可以在此基础上方便快速地构建自动化测试解决方案。

Phoenix Framework 基于 Selenium、Webdriver、AutoIt 研发,使用 Java 语言封装,包含无脚本模式执行、无人值守模式执行、自由定制模式、分布式执行的一款 Web 自动化测试工具,使用的数据库是 MySQL。它支持 7 种元素动态定位方式,4 种浏览器类型,有 7 大功能模块,其中数据维护模块方便了自动化后期脚本数据维护的问题,属性录制模块方便了元素定位信息的录入,用例及测试数据批量导入/导出功能方便了用例及数据的批量管理。

LoadRunner 是一种预测系统行为和性能的负载测试工具。通过模拟上千万用户实施并发负载及实时性能监测的方式来确认和查找问题。LoadRunner 能够对整个企业架构进行测试。

JMeter 是 Apache 组织的开放源代码项目,它是功能和性能测试的工具,全部用 Java 实现。JMeter 可以用于测试静态和动态资源,例如静态文件、Java 小服务程序、CGI 脚本、Java 对象、数据库、FTP 服务器等,还能对服务器、网络或对象模拟巨大的负载,通过不同压力类别测试它们的强度和分析整体性能。

Microsoft Web Application Stress Tool 是由微软的网站测试人员开发,并专门用来进行实际网站压力测试的一套工具。透过这套功能强大的压力测试工具,可以使用少量的客户端计算机仿真大量用户上线对网站服务所可能造成的影响。

Webload 是 RadView 公司推出的一个性能测试和分析工具,它让 Web 应用程序开发者自动执行压力测试;Webload 通过模拟真实用户的操作,生成压力负载来测试 Web 的性能。

NeoLoad 是 Neotys 出品的一种负载和性能测试工具,可真实地模拟用户活动并监视基础架构运行状态,从而消除所有 Web 和移动应用程序中的瓶颈。NeoLoad 通过使用无脚本 GUI 和一系列自动化功能,可让测试设计速度提高 5～10 倍,并将维护的脚本维持在原始设计时间的 10%,同时帮助用户使用持续集成系统自动进行测试。

Loadster 是一款商用负载测试软件,用于测试高负载下网站、Web 应用、Web 服务的性能表现,支持 Linux、Mac 和 Windows 等运行环境。Loadster 能够对 Web 应用/服务的 Cookies、线程、头文件、动态表格等元素发起测试,获得 Web 在压力下的性能、弹性、稳定性和可扩展性等方面的表现。

Loadimpact 是一款服务于 DevOps 的性能测试工具,支持各种平台的网站、Web 应用、移动应用和 API 测试。Loadimpact 可以帮助用户了解应用的最高在线用户访问量,通过模拟测试不同在线人数下网站的响应时间,估算出服务器的最大负载。

CloudTest 是一个集性能和功能测试于一体的综合压力测试云平台,专为现代网络和移动应用测试而设计开发,CloudTest 可以图形化实现判断、循环,整体减轻了测试开发的工作量,缩短了开发时间。CloudTest 基于内存的分析引擎,可以实时收集和展示数据,所有数据在 3 秒内汇聚显示。

Loadstorm 是一款针对 Web 应用的云端负载测试工具,通过模拟海量单击来测试 Web 应用在大负载下的性能表现。由于采用了云资源,所以 Loadstorm 的测试成本非常低,用户可以在云端选择创建自己的测试计划、测试标准和测试场景。

阿里云性能测试(Performance Testing)是一个 SaaS 性能测试平台,具有强大的分布式压测能力,可模拟海量用户真实的业务场景,让应用性能问题无所遁形。PTS 平台特色包括的功能有:提供压测机,无须安装软件;脚本场景监控简单化,省时、省力;分布式并发压测,施压能力无上限;快速大规模集群扩容、支持几十万用户及百万级 TPS 性能压测;80% 以上用户基本不需要花费额外的成本。

压测宝是云智慧推出的面向真实用户行为与地域分布的全链路云端压力测试平台,通过云端服务器产生真实分布式用户访问压力,模拟来自各地域用户接入后台所带来的真实流量,无限接近生产环境所面临的各种复杂因素,测量真实的用户体验。

禅道是第一款国产的优秀开源项目管理软件,它集产品管理、项目管理、质量管理、文档管理、组织管理和事务管理于一体,是一款功能完备的项目管理软件,完美地覆盖了项目管理的核心流程。

HP ALM(HP Application Lifecycle Management)是惠普的一款应用全生命周期管理软件,从需求开始,贯穿整个开发过程。通过在一个整体的应用系统中集成了测试管理的各个部分,包括需求管理、测试计划、测试执行以及错误跟踪等功能,能为整个测试提供清晰的导向,在每个阶段之间建立无缝集成和顺畅的信息流。

Redmine 是一个开源的、基于 Web 的项目管理和缺陷跟踪工具。它用日历和甘特图辅助项目及进度可视化显示。同时它又支持多项目管理。Redmine 提供集成的项目管理功能及问题跟踪,并支持多个版本的控制选项。支持多项目、灵活的基于角色的访问控制、问题跟踪系统、甘特图和日历、新闻、文档和文件管理、邮件通知、项目论坛等。

JIRA 也可定义为 Professional Issue Tracker,即它是一个专业的问题跟踪管理的软件。跟踪管理即对问题的整个生命周期进行记录和管理。JIRA 的工作流比较强大灵活:开箱即用,提供用于缺陷管理的默认工作流,可视化工作流设计器;工作流可以自定义;工作流数量不限;每个工作流可以配置多个自定义动作和自定义状态;每一个问题类型都可以单独设置或共用工作流;可视化工作流设计器,使工作流配置更加直观;自定义工作流动作的触发条件;工作流动作执行后,自动执行指定的操作等。

Topo 集成任务、缺陷、文档、代码,集成企业树形组织架构、企业域账号,提供高效易用的本地部署企业级项目管理解决方案。Topo 提供了研发型团队常用的功能。

8.4.3　自动化测试工具的选取

任何一种产品化的测试自动化工具,都可能存在与某些具体项目不符合的地方,测试环境也包括许多不同种类的应用平台,应用开发技术也比较多,甚至同一应用中具有多种平台或不同版本。所以,选择自动化测试工具需要从测试技术、成本开销以及风险等多方面考虑。下面是对自动化测试工具选取的一些参考性原则。

(1) 选择尽可能少的自动化产品覆盖尽可能多的平台,以降低产品投资和团队的学习成本。

(2) 测试流程管理自动化通常应该优先考虑,以满足为企业测试团队提供流程管理支持的需求。

(3) 在投资有限的情况下,性能测试自动化产品将优于功能测试自动化而被考虑。

(4) 在考虑产品性价比的同时,应充分关注产品的支持服务和售后服务的完善性。

(5) 尽量选择趋于主流的产品,以便通过行业间交流甚至网络等方式获得更为广泛的经验和支持。

(6) 应对测试自动化方案的可扩展性提出要求,以满足企业不断发展的技术和业务需求。

8.5　本章小结

本章先从整体上介绍了软件自动化测试,重点讲述了软件自动化测试的概念,包括自动化测试的定义、适用范围以及优缺点;并概述了软件自动化测试的流程、自动化测试框架以及目前比较主流的软件自动化测试工具。

8.6　练习题

1. 判断题

（1）美观、声音、易用性测试可使用自动化测试。　　　　　　　　　　（　　）

（2）QuickTest Professional 是一个功能测试自动化工具。　　　　　（　　）

（3）自动化测试的目的在于发现新缺陷。　　　　　　　　　　　　　（　　）

（4）自动化测试的定义：使用一种自动化测试工具来验证各种软件测试的需求，它包括测试活动的管理与实施。　　　　　　　　　　　　　　　　　　（　　）

（5）100％的测试自动化是一个可实现的需求。　　　　　　　　　　（　　）

2. 选择题

（1）下列关于自动化测试工具的说法中，错误的是（　　　）。

    A. 采用录制/回放是不够的，还需要进行脚本编程，加入必需的检查点

    B. 自动化测试并不是总能降低测试成本的，因为维护测试脚本的成本可能是非常昂贵的

    C. 相对于手动测试而言，自动化测试具有更好的一致性和可重复性

    D. 自动化测试能够改善混乱的测试过程

（2）引入自动化测试的目的之一是为减少测试开销，但是自动化测试不是万能的，不可能将所有的测试活动进行自动化。下列情况中适合实施自动化测试的是（　　　）。

    A. 一个需要并发访问的联机系统

    B. 软件不稳定，在这期间用户界面和功能变化频繁

    C. 测试需要主观判断或物理交互

    D. 测试很少运行。例如，一年只运行一次

（3）下列关于工具使用风险的说法中，不恰当的是（　　　）。

    A. 工具能够或多或少地提高测试效率

    B. 没有好的测试过程或成熟的测试方法，工具并不能像预期的那样降低成本

    C. 与手动测试相比，使用自动化工具也可能增加测试成本

    D. 培训和指导有助于降低工具使用的风险

（4）引入自动化测试工具时，属于次要考虑因素的是（　　　）。

    A. 与测试对象进行交互的质量　　　　　　B. 使用的脚本语言类型

    C. 工具支持的平台　　　　　　　　　　　D. 厂商的支持和服务质量

（5）下列关于自动化测试工具的说法中，错误的是（　　　）。

    A. 录制/回放可能是不足够的，还需要进行脚本编程

    B. 自动化测试关键的时候能代替手动测试

    C. 自动化测试工具适用于回归测试

    D. 既可用于功能测试，也可用于非功能测试

3. 简答题

（1）周期短的项目使用自动化测试好还是使用手动测试好？请说明原因。

（2）如何开展自动化测试？

第 9 章　功　能　测　试

 本章目标

- 掌握功能测试的概念。
- 熟悉功能需求分析。
- 了解功能测试工具。
- 了解功能测试自动化。

软件产品必须具备一定的功能,借助这些功能为用户服务。软件产品的功能就是为了满足用户的实际需求而设计的,所有功能都需要得到验证,确认能否真正地满足用户的需求。功能测试是测试工作中的主要部分,跟系统测试有一定的区别,一般采用黑盒测试方法,验证软件每个功能是否符合预期。

9.1　功能测试概述

9.1.1　功能测试的定义

功能测试(Functional Testing),又称为行为测试(Behavioral Testing),根据产品特性、操作描述和用户方案,测试一个产品的特性和可操作行为以确定它们满足设计需求。本地化软件的功能测试,用于验证应用程序或网站对目标用户能正确工作。使用适当的平台、浏览器和测试脚本,以保证目标用户的体验足够好,就像应用程序是专门为该市场开发的一样。功能测试是为了确保程序以期望的方式运行而按功能要求对软件进行的测试,通过对一个系统所有的特性和功能都进行测试,确保其符合需求和规范。

功能测试有时也可以称为黑盒测试或数据驱动测试,只需考虑要测试的各个功能,不需要考虑整个软件的内部结构及代码。一般从软件产品的界面、架构出发,按照需求编写出测试用例,输入数据并在预期结果和实际结果之间进行评测,进而提出使产品更能达到用户使用的要求。从某个角度讲,功能测试跟黑盒测试和数据驱动测试也不完全一样。功能测试从测试内容来说,主要是为了验证软件的功能;黑盒测试从测试内容来说,不光要考虑功能,还要考虑性能;数据驱动测试是黑盒测试基本方法中的一种具体方法。

除了测试系统功能,还需要检查系统的非功能方面,如性能、可用性、可靠性等,我们一般称为非功能测试。非功能性测试旨在根据功能测试从未解决的非功能参数来测试系统的准备情况,其目的在于提高产品的可用性、效率、可维护性和可移植性。非功能测试包括很多类型,如安全性测试、兼容性测试、可靠性测试、文档测试、界面测试、国际化测试、本地化测试、灾难恢复性测试等。大部分情况下,我们会把性能测试归为非功能测试,其他测试类型都归入功能测试,性能测试会在后续章节中详细介绍。

9.1.2　功能测试流程及策略

功能测试试图发现以下类型的错误:功能错误或遗漏、界面错误、数据结构或外部数据库访问错误、初始化和终止错误等。其主要方法就是本书前面讲的黑盒测试用例设计方法,如等价类划分法、边界值法、错误推测法、因果图法、判定表驱动分析法、场景图法、正交试验设计法、功能图法。等价类划分法是把所有可能的输入数据(程序的输入域)划分成若干部分(子集),然后从每一个子集中选取少数具有代表性的数据作为测试用例的方法。边界值法是着重输入或输出范围的边界的方法。等价类划分法一般和边界值法结合使用。功能图法是使用功能图形象地表示程序的功能说明,并机械地生成功能图的测试用例。

如针对一个系统的登录功能,可以结合等价类划分法和边界值分析法,划分登录用户名的有效等价类、无效等价类以及边界值的情况;也可以用场景图法分析登录相关的操作步骤以及业务流程;还可以用功能图法生成登录流程的功能状态图进行用例设计等。

功能测试流程主体包括如下几个方面。

(1) 测试需求分析:阅读和理解需求,分析系统主要业务及功能点,转换为测试需求。

(2) 制订测试计划:编写测试计划,体现测试范围(来自需求文档),进度安排,人力、物力的分配,整体测试策略的制定以及风险评估与规避措施等。

(3) 测试设计阶段:根据测试需求编写测试用例,可以参考需求文档、概要设计、详细设计等文档,重点在于设计具体的操作步骤和输入/输出等验证系统功能。

(4) 测试执行及缺陷记录:搭建测试环境并执行测试,记录测试结果,提交缺陷并进行跟踪管理。

(5) 测试总结评估:分析缺陷并总结测试成果,生成测试总结报告。

9.1.3　功能测试需求分析

功能需求分析就是要弄清楚用户需要的是什么功能,用户会怎样使用系统,这样我们测试的时候才能更加清楚地知道系统该怎么样运行,才能更好地设计测试用例,也才能更好地测试。测试需求分析是测试工作的第一步,经过需求分析,对原始需求列表中列出的每一个需求点,找到我们需要测试的要点;针对所确定的测试要点,分析测试执行时对应的测试方案/方法。

如果要成功地完成一个测试项目,首先必须了解测试规模、复杂程度与可能存在的风险,这些都需要通过详细的测试需求来了解。测试需求不明确,只会造成获取的信息不正确,无法对所测软件有一个清晰全面的认识,测试计划就毫无根据可言。测试需求越详细精准,表明对所测软件的了解越深,对所要进行的任务内容就越清晰,就更有把握保证测试的质量与进度。测试需求通常是以待测对象的软件需求为原型进行分析而转变过来的。但测试需求并不等同于软件需求,它是以测试的观点根据软件需求整理出一个检查列表,作为测试该软件的主要工作内容。

测试需求主要通过以下途径来收集:

（1）与待测软件相关的各种文档资料。如软件需求规格、用例、界面设计、项目会议或与客户沟通时有关于需求信息的会议记录、其他技术文档等。

（2）与客户或系统分析员的沟通。

（3）业务背景资料。如待测软件业务领域的知识等。

（4）正式与非正式的培训。

（5）其他。如果以旧系统为原型，以全新的架构方式来设计或完善软件，那么旧系统的原有功能跟特性就成为最有效的测试需求收集途径。

在整个信息收集过程中，务必确保软件的功能与特性被正确理解。因此，测试需求分析人员必须具备优秀的沟通能力与表达能力。

测试需求分析可以从如下几个方面具体考虑。

1. 结合测试阶段进行需求分析

在系统测试阶段，更注重于技术层面，即软件是否实现了具备的功能。如果某一种流程或者某一角色能够执行一项功能，那么我们相信具备相同特征的业务或角色都能够执行该功能。为了避免测试执行的冗余，可不再重复测试。而在验收测试阶段，更注重于不同角色在同一功能上能否走通要求的业务流程。因此，需要根据不同的业务而测试相同的功能，以确保系统上线后不会有意外发生。

2. 结合待测软件的特性进行分析

不同的软件业务背景不同，所要求的特性也不相同，测试的侧重点自然也不相同。除了需要确保要求实现的功能正确，银行/财务软件更强调数据的精确性，网站强调服务器所能承受的压力，ERP强调业务流程，驱动程序强调软硬件的兼容性。在做测试分析时需要根据软件的特性来选取测试类型，并将其列入测试的需求当中。如针对一个系统，我们可以结合这些功能特性进行需求分析。

（1）业务功能：与用户实际业务直接相关的功能或细节。

（2）辅助功能：辅助完成业务功能的一些功能或者是细节，比如，设置过滤条件。

（3）数据约束：功能的细节主要是用于控制在执行功能时数据的显示范围，以及数据之间的关系等。

（4）易用性需求：功能的细节在产品中必须提供，便于功能操作使用的一些细节，比如，快捷键就是典型的易用性需求。

（5）编辑约束：功能的细节在功能执行时，对输入数据项目的一些约束性条件，比如，只能输入数字。

（6）参数需求：功能的细节在功能执行时，需要根据参数设置的不同而进行不同的处理。

（7）权限需求：功能的细节在功能的执行过程中，根据不同的权限进行不同的处理，不包括直接限制某个功能的权限。

（8）性能约束：功能的细节在执行功能时必须满足的性能需求。

3. 结合业务流程进行分析

任何一套软件都会有一定的业务流，也就是用户用该软件来实现自己实际业务的一个流程。针对一个系统，可以考虑如下业务流程。

（1）常用的或规定的业务流程。

（2）各业务流程分支的遍历。

（3）明确规定不可使用的业务流程。

（4）没有明确规定但是应该不可以执行的业务流程。

（5）其他异常或不符合规定的操作。

然后根据软件需求理出业务的常规逻辑,按照以上类别提出的思路,一项一项地列出各种可能的测试场景,同时借助于软件的需求以及其他信息来确定该场景可能导致的结果,这样便形成了软件业务流的基本测试需求。

在做完以上步骤之后,将业务流中涉及的各种结果以及中间流程分支回顾一遍,确定是否还有其他场景可能导致这些结果,以及各中间流程之间的交互可能产生的新的流程,从而进一步补充与完善测试需求。

9.2　功能自动化测试工具

功能测试包括手工测试和功能测试自动化。目前更多的手动测试转向自动化测试,特别是回归测试阶段。功能测试自动化能够更高效地完成功能测试,但它又离不开一款合适的功能测试工具以及一支高素质的工具使用队伍。用于功能测试的工具的软件有很多,针对不同架构软件的工具也不断推陈出新。前面我们已经提过很多自动化测试工具,这里重点介绍现在主流的两个功能自动化测试工具 UFT 和 Selenium。

9.2.1　功能自动化测试工具——UFT

HP QTP(Quick Test Professional)是一款自动化软件测试解决方案,可应对技术及流程中的持续变更挑战,在 11.50 版本之后改名为 UFT(Unified Functional Testing)。其最初是 Mercury Interactive 公司开发的一种自动化测试工具。UFT 支持功能测试和回归测试自动化,可用于软件应用程序和环境的测试。使用 UFT,可以在网页或者基于客户端 PC 应用程序上自动模拟用户行为、在 Windows 操作系统以及不同的浏览器之间为不同的用户和数据集测试相同的动作行为。当有计划并且以适当的方式使用 UFT 时,可以节省大量的时间和成本。随着 11.50 版本的发布,QTP 和 Service Test 成为 UFT 11.50 软件组件中的一部分。在众多广泛的自动化测试工具中,UFT 的市场占有率超过了 60%。由于这个原因,熟练的 UFT 专家是很有市场的。HP UFT 以 VB Script 作为脚本语言,这是 UFT 的 IDE 里唯一支持的语言。VB Script 支持面向对象的编程思想,但是自身没有多态性和继承性。

UFT 是基于 GUI 界面的自动化功能测试工具,主要包括录制和回放。UFT 录制时记录用户在应用程序界面上的操作,并以一个逻辑名加上若干识别属性的记录形式保存到对象库中,因此,一个完整的脚本测试应该包括两部分:一个是测试脚本的代码,一个是对象库。UFT 根据脚本中记录下来的对象操作的顺序进行回放。UFT 从脚本中读取到该对象,并根据对象的层次和名称到对象库中寻找相同名称的测试库对象,在测试库找到相应的对象,获得对象的属性,根据对象库中对象的属性,在运行的应用程序中进行匹配,并寻找运行时的对象。

UFT 进行自动化测试流程跟手动测试类似,需要制订测试计划,设计测试用例,然后创建测试脚本、优化脚本并执行测试,再分析测试结果。自动化测试流程如图 9-1 所示。

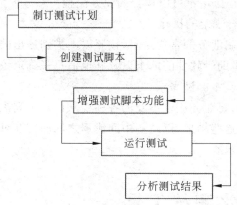

图 9-1　自动化测试流程

UFT 在录制脚本时记录对象以及对对象的操作,以相关的属性标识存放于对象库中,然后在执行(回放)脚本时对比对象库里的对象和运行对象并进行相应的操作,然后记录结果。UFT 的工作原理如图 9-2 所示。

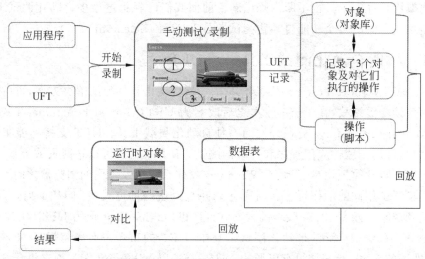

图 9-2　UFT 的工作原理

UFT 基本操作包括录制测试脚本、编辑测试脚本、调试测试脚本、运行测试脚本以及分析测试结果。可以从 HP 官网下载最新版本的 UFT,然后一步一步地进行安装。安装成功后打开 UFT,需要先选中相关插件。一般开发 Web 项目选中 Web add-in,开发桌面应用程序选中 ActiveX 插件。下面以 UFT 自带的飞机订票系统为例,简单讲解 UFT 的脚本录制方法。

(1) 选择"文件"→"新建"→"测试"命令,打开"新建测试"对话框,选择一种类型,再设置一个名称,然后单击"创建"按钮,如图 9-3 和图 9-4 所示。

(2) 选择"录制"→"录制和运行设置"命令,在打开的界面中选择应用程序的工作目录,如图 9-5 和图 9-6 所示。

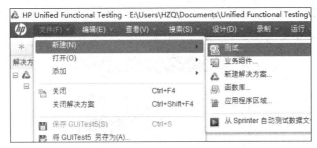

图 9-3　选择"测试"命令

图 9-4　"新建测试"对话框

图 9-5　选择"录制和运行设置"命令

图 9-6　选择应用程序的工作目录

（3）选择"录制"→"录制"命令，打开"登录"对话框，输入代理名称和密码，单击"确定"按钮进入系统，进行飞机票预定和查询等操作，如图 9-7 所示。

图 9-7 "登录"对话框

（4）用录制脚本专家视图进行查看，部分脚本如下。

```
Dialog("Login").WinEdit("Agent Name:").SetSelection 0,6
Dialog("Login").WinEdit("Agent Name:").Set "dfsdf"
Dialog("Login").WinEdit("Password:").SetSecure
    "59b6acea03753379834e341b7f6f7c97ae887c3b"
Dialog("Login").WinButton("OK").Click
Window("Flight Reservation").ActiveX("MaskEdBox").Click 7,8
Window("Flight Reservation").ActiveX("MaskEdBox").Type "10"
Window("Flight Reservation").ActiveX("MaskEdBox").Type micBack
Window("Flight Reservation").ActiveX("MaskEdBox").Type micLeft
Window("Flight Reservation").ActiveX("MaskEdBox").Type micBack
Window("Flight Reservation").ActiveX("MaskEdBox").Type micBack
Window("Flight Reservation").ActiveX("MaskEdBox").Type "109"
Window("Flight Reservation").ActiveX("MaskEdBox").Type micBack
Window("Flight Reservation").ActiveX("MaskEdBox").Type "0918"
Window("Flight Reservation").WinComboBox("Fly From:").Select "Denver"
Window("Flight Reservation").WinComboBox("Fly To:").Select "London"
Window("Flight Reservation").WinButton("FLIGHT").Click
Window("Flight Reservation").Dialog("Flights Table").WinList("From").Select
    "20263 DEN 11:12 AM LON 06:23 PM AA $112.20"
Window("Flight Reservation").Dialog("Flights Table").WinButton("OK").Click
Window("Flight Reservation").WinEdit("Name:").Set "test"
Window("Flight Reservation").WinButton("Insert Order").Click
```

（5）选择"运行"命令，即可进行回放操作。

以上是 UFT 工具进行自动化测试脚本录制的一个简单案例，这个工具更详细的使用方法可以参考 UFT 方面的相关书籍。

9.2.2 功能自动化测试工具——Selenium

Selenium 是 Throught Works 公司一个强大的开源 Web 功能测试工具系列，支持多种开发语言，比如 Ruby、Python、Java、Perl、C♯等。Selenium 的测试直接运行在浏览器中，就像真正的用户在操作一样。支持的浏览器包括 IE、Firefox、Mozilla Suite 等。这个工具的主要功能包括：测试与浏览器的兼容性，即测试应用程序确认是否能够很好地工作在不同浏览器和操作系统之上；测试系统功能，即创建衰退测试检验软件功能和用户需求；支持自动录制动作和自动生成.NET、Java、Perl 等不同语言的测试脚本。

Selenium 是一套完整的 Web 应用程序测试系统，它包含了测试的录制、编写和运行，以及测试的并行处理。Selenium 的核心完全由 JavaScript 编写，因此可运行于任何支持 JavaScript 的浏览器上。Selenium 核心由一种指定格式的 HTML 文件驱动，在一定程度上增强了测试套件的可读性。Selenium 远程控制允许测试人员使用常见的语言编写测试代码，并支持不同操作系统下的各种主流浏览器。Selenium Grid 的作用是将测试分发至多台机器，这样便可大大加快测试速度。Selenium IDE 是基于 Firefox 浏览器的一个插件，提供 GUI 界面来运行 Selenium 测试；Selenium IDE 提供脚本录制功能，可以将用户在浏览器中执行的操作记录下来，生成各种形式的脚本，可以将这些脚本保存供以后使用。

Selenium 2.0 是 Selenium 1.0 的进化版本；Selenium 3.0 主要是对 Selenium 2.0 的一个加强，主要增加了对 Java 8.0 的支持，支持 Safari 浏览器，去除了远程控制。目前比较稳定的版本是 Selenium 2.0，又名 Selenium WebDriver。Selenium 2.0 组成如图 9-8 所示。

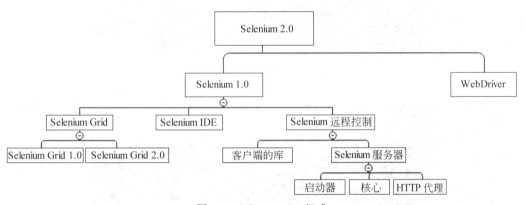

图 9-8　Selenium 2.0 组成

下面简单介绍如何用 Selenium IDE 录制脚本。

（1）安装 Selenium IDE 插件。首先安装 Firefox，因为 Firefox 更新过快，Selenium 的不同版本对 Firefox 的支持不同，所以需要选择与 Selenium 对应的 Firefox 版本。Selenium IDE 3.0.0 以上支持 Firefox 56 及以后的版本，Selenium IDE 2.9.1 支持 Firefox 56 以前的版本，建议安装较新的版本。本文以 Firefox 68.0.2 和 Selenium IDE 3.10.0 为例进行说明。

（2）安装 Selenium IDE。Selenium IDE 是一个 Firefox 插件，是用来开发测试用例的集成开发工具，其简单易用，能够高效地开发测试用例，并可转换成相应的语言脚本。下载地址为 https://addons. mozilla. org/en-US/Firefox/addon/Selenium-ide/。

（3）打开 Firefox 工具栏，单击 Selenium IDE 图标，如图 9-9 所示。

图 9-9　选择插件 Selenium IDE

（4）在打开的 Selenium IDE 中选择 Record a new test in a new project，如图 9-10 所示。

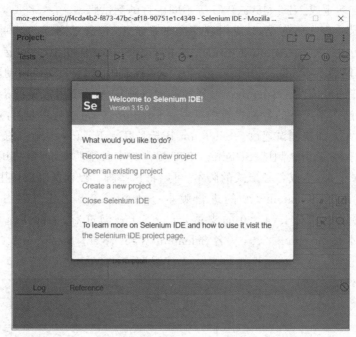

图 9-10　打开 Selenium IDE

（5）打开 Name your new project 页面，输入项目名称，单击 OK 按钮，如图 9-11 所示。

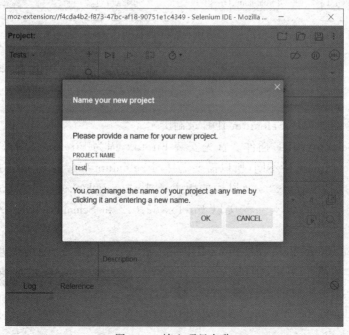

图 9-11　输入项目名称

（6）打开 Set your project's base URL 页面，在 BASE URL 文本框中输入需要录制脚本的 URL，单击 START RECORDING 按钮，如图 9-12 所示。

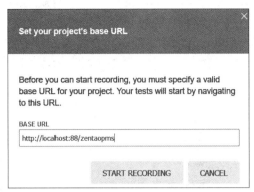

图 9-12　输入 URL

（7）Selenium IDE 插件开始录制脚本，如图 9-13 所示。

图 9-13　录制脚本

（8）录制结束后，单击 STOP RECORDING 按钮结束录制，如图 9-14 所示。再输入脚本名字，生成测试脚本。

（9）单击测试工程的名称，选择 Export 选项，将脚本导出，生成其他语言的代码，如 Python、Java JUnit 等。此处选择 Python pytest 类型，如图 9-15 和图 9-16 所示。

（10）生成的导出文件 Testdemo.py 的代码如下。

```
#-*-coding: utf-8-*-
from selenium import webdriver
from selenium.webdriver.common.by import By
from selenium.webdriver.common.keys import Keys
from selenium.webdriver.support.ui import Select
from selenium.common.exceptions import NoSuchElementException-
from selenium.common.exceptions import NoAlertPresentException
```

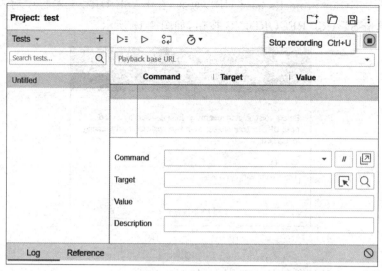

图 9-14　结束录制

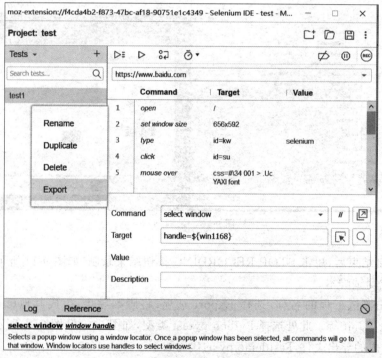

图 9-15　选择 Export 选项

```
import unittest, time, re
class 1(unittest.TestCase):
    def setUp(self):
        self.driver = webdriver.Firefox()
        self.driver.implicitly_wait(30)
        self.base_url = "http://127.0.0.1/"
```

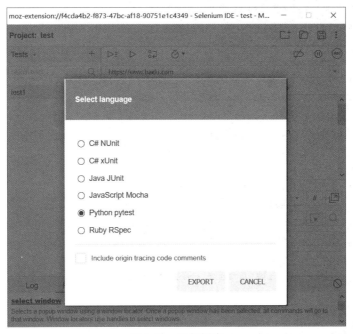

图 9-16 选择语言

```python
    self.verificationErrors = []
    self.accept_next_alert = True
def test_1(self):
    driver = self.driver
    driver.get(self.base_url + "/")
    driver.find_element_by_id("zentao").click()
    driver.find_element_by_id("zentao").click()
    driver.find_element_by_id("account").clear()
    driver.find_element_by_id("account").send_keys("admin")
    driver.find_element_by_id("account").clear()
    driver.find_element_by_id("account").send_keys("admin")
    driver.find_element_by_name("password").clear()
    driver.find_element_by_name("password").send_keys("password123")
    driver.find_element_by_name("password").clear()
    driver.find_element_by_name("password").send_keys("password123")
    driver.find_element_by_id("submit").click()
    driver.find_element_by_id("submit").click()
    self.assertEqual("admin", driver.find_element_by_link_text("admin").text)
    driver.find_element_by_link_text(u"退出").click()
    driver.find_element_by_link_text(u"退出").click()
def is_element_present(self, how, what):
    try: self.driver.find_element(by=how, value=what)
    except NoSuchElementException as e: return False
    return True
def is_alert_present(self):
```

```
        try: self.driver.switch_to_alert()
        except NoAlertPresentException as e: return False
        return True
    def close_alert_and_get_its_text(self):
        try:
            alert =self.driver.switch_to_alert()
            alert_text =alert.text
            if self.accept_next_alert:
                alert.accept()
            else:
                alert.dismiss()
            return alert_text
        finally: self.accept_next_alert =True
    def tearDown(self):
        self.driver.quit()
        self.assertEqual([], self.verificationErrors)
if __name__ =="__main__":
    unittest.main()
```

至此,就完成了一个测试用例的生成。

以上是用 Selenium 工具进行自动化测试脚本录制的一个简单案例,这个工具更详细的使用方法可以参考 Selenium 方面的相关书籍。

9.3 实例: 自动化测试设计

下面以一个餐饮管理系统为例,简单地介绍其后台管理系统的测试需求分析和自动化测试设计。

畅通餐饮管理系统是畅通软件工作室为餐饮行业量身定做的一款界面简洁、简单易用的餐饮行业管理软件,它分为前台和后台两部分。前台主要负责开台、退台、换台、并台、收银、查询、部门订单的功能;后台主要负责数据的管理、原料进退、经营分析、盘点管理、财务管理等操作。餐饮管理系统下载地址为 http://www.downxia.com/downinfo/52287.html。

餐饮管理系统后台页面如图 9-17 所示。

9.3.1 测试需求分析

需求分析一般从原始测试需求分析开始,然后分析具体的功能模块,最后把功能模块细分成可用于用例设计的测试项。原始测试需求一般都来源于需求规格说明书和设计文档,但是很多时候有些项目什么文档都没有,仅有功能列表和检查列表等,所以根据这些文档我们可以首先分析项目功能结构,如图 9-18 所示。

然后对基础资料功能模块进行细分,包括供应商资料、商品资料、酒菜分类等,再对供应商资料细分可测试项,包括增加、删除、修改等。具体的测试需求列表如表 9-1 所示。

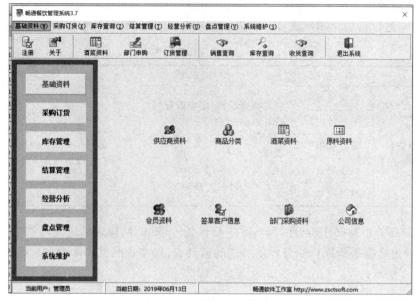

图 9-17　餐饮管理系统后台

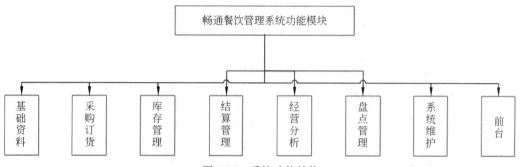

图 9-18　系统功能结构

表 9-1　测试需求列表

需　求　编　号	需　求　名　称	需　求　描　述
RM_BasicData_1	基础资料	管理供应商资料、商品分类、酒菜资料等基础资料
RM_BasicData_1.1	供应商资料	管理供应商资料的新增、修改、删除和打印等
RM_BasicData_1.1.1	增加供应商资料	输入相应信息并增加相应供应商资料
RM_BasicData_1.1.2	删除供应商资料	选择供应商资料进行删除
RM_BasicData_1.1.3	修改供应商资料	选择供应商资料修改相关信息
RM_BasicData_1.1.4	查询供应商资料	根据查询条件查询供应商资料
RM_BasicData_1.1.5	打印供应商资料	选择供应商资料进行打印
RM_BasicData_1.1.6	退出供应商资料	退出供应商资料界面

9.3.2　自动化测试设计的实现

自动化测试是人们为了更有效且快速地对软件效率和质量进行提升,通过测试工具或其他手段,按照测试人员预期的测试计划和方案进行自动测试的过程。下面就增加供应商资料功能点来进行自动化测试设计。首先设计该功能点的测试用例,如表 9-2 所示。

表 9-2 增加供应商测试用例

测 试 点	输入数据	操 作 步 骤	预 期 输 出
增加供应商资料	健康蔬菜	(1) 基础资料/供应商资料 (2) 单击"增加"按钮 (3) 输入供应商全称,如健康蔬菜 (4) 输入采购组 B01 (5) 单击"保存"按钮	(1) 进入供应商资料页面 (2) 打开增加供应商资料页面 (3) 成功增加一条供应商资料
	平安猪肉厂		
	放心水果		
	健康副食		
	增加成功		

然后用 UFT 录制操作步骤的脚本并进行优化。可以对"输入供应商名称"进行数据表参数化,即通过数据表为操作步骤提供可能的值列表,以实现测试脚本的多次循环。测试数据表如表 9-3 所示。

表 9-3 Global 数据表

Global	gys_name	Global	gys_name
1	健康蔬菜	4	健康副食
2	平安猪肉厂	5	平安水果
3	放心水果		

自动化代码如下:

```
Systemutil.Run "C:\Program Files (x86)\畅通餐饮管理系统\CTCY.exe"
Window("系统登录").WinObject("TPanel").Click 143,33
Window("畅通餐饮管理系统 3.7").WinObject("ActionToolBar1").Click 47,46
Dim rowCount
rowCount =DataTable.GetSheet("Global").GetCurrentRow        '获取当前运行数据行数
For i=1 to rowCount
Window("供应商资料    当前用户:管理员").WinObject("ActionToolBar1").Click 139,29
Window("供应商资料    当前用户:管理员").WinObject("ActionToolBar1").Click 414,2
Dialog("畅通餐饮管理系统").Click 102,38
Dialog("畅通餐饮管理系统").Static("供应商名称必须输入!.").Check CheckPoint("供应商
    名称必须输入!._3")
If Dialog("畅通餐饮管理系统").Static("供应商名称必须输入!.").Exist(1) Then
    Dialog("畅通餐饮管理系统").WinButton("确定").Click
End If
Window("供应商资料    当前用户:管理员").WinObject("健康蔬菜").Type DataTable("gys
_name", dtGlobalSheet)
Window("供应商资料    当前用户:管理员").WinObject("ActionToolBar1").Click 388,32
Dialog("畅通餐饮管理系统").DblClick 127,41
Dialog("畅通餐饮管理系统").Static("供应商名称必须输入!.").Check CheckPoint("供应商
名称必须输入!._4")
```

```
If  Dialog("畅通餐饮管理系统").Static("供应商名称必须输入！").Exist(1) Then
    Dialog("畅通餐饮管理系统").WinButton("确定").Click
End If
Window("供应商资料      当前用户:管理员").WinObject("TDBComboBox").Click 77,9
DataTable.GetSheet("Action1").SetNextRow
Next
Window("供应商资料      当前用户:管理员").WinObject("ActionToolBar1").Click 387,22
Window("供应商资料      当前用户:管理员").WinObject("TPageControl").Click 75,12
Window("供应商资料      当前用户:管理员").WinObject("ActionToolBar1").Click 574,34
Window("畅通餐饮管理系统 3.7").WinObject("ActionToolBar3").Click 718,34
Dialog("提示").WinButton("确定").Click
```

然后回放测试脚本,可查看测试脚本成功地被执行。

9.4　本章小结

本章首先介绍了功能测试的定义、测试流程、测试策略以及功能测试需求分析。功能测试是测试工作中的主要部分,功能需求分析可以结合测试的特性、阶段和业务流程等具体分析。然后介绍了当前主流的功能自动化测试工具 UFT 和 Selenium 的基本原理与简单的操作,最后结合一个具体的项目进行功能测试需求分析和自动化测试设计。

9.5　练习题

1. 判断题

(1) 程序、需求规格说明书、设计规格说明书都是软件测试的对象。　　　　　(　　)

(2) 条码扫描支付是移动互联网金融中的新型支付方式,目前在日常小额消费场景中,支付宝和微信提供的被扫支付不需要手机端确认支付金融,也不需要输入支付密码,这种功能设计是突出易用性,弱化安全性。　　　　　(　　)

(3) Selenium 支持桌面应用软件的自动化测试。　　　　　(　　)

(4) 行业背景知识可以帮助我们有效地识别软件缺陷。　　　　　(　　)

(5) Selenium 支持多种浏览器,如 IE、FireFox、Chrome 等。　　　　　(　　)

2. 选择题

(1) 功能测试的执行时机应该在(　　)。

　　A. 集成测试之后　　　　　　　　　　B. 性能测试之后

　　C. 单元测试之后　　　　　　　　　　D. 验收测试之后

(2) 某软件系统的原始需求包括:"当某个查询请求是不适当或非法的,应提示用户。"该需求属于(　　)。

　　A. 质量需求　　　　B. 设计约束　　　　C. 功能需求　　　　D. 过程约束

(3) 下列软件属性中,软件产品首要满足的应该是(　　)。

A. 功能需求　　　　　　　　　　B. 设计约束

C. 可扩展性和灵活性　　　　　　D. 容错纠错能力

（4）安装的过程中,QTP 提供标准插件供用户选择安装,下列不属于 QTP 提供的标准插件的是(　　　)。

A. ActiveX　　　　B. Java　　　　C. Visual Basic　　　D. Web

（5）QTP 查看对象属性时使用的选项是(　　　)。

A. DataTable　　　　　　　　　B. Action Screen

C. Object Repository　　　　　　D. Information Pane

3. 简答题

（1）简述使用 QTP 进行自动化测试的流程。

（2）Selenium 包括哪些组件?

第 10 章 性 能 测 试

 本章目标

- 掌握性能测试的概念。
- 熟悉性能测试术语。
- 熟悉性能测试类型。
- 掌握性能测试流程。
- 了解性能测试工具。

随着社会的发展、科技的进步、信息技术的飞速发展、计算机的普及,软件产品已经应用到社会的各个行业领域,软件产品的使用者对高质量、高效率的工作方式的要求越来越高,而且现代的软件系统越来越复杂,功能越来越多,测试人员除了需要保证基本的功能测试质量外,性能测试也越来越受到人们的关注。性能测试是通过自动化的测试工具模拟多种正常、峰值以及异常负载条件来对系统的各项性能指标进行测试。性能测试在软件的质量保证中起着重要的作用,是发现软件性能问题最有效的手段。性能测试不要求也无法做到覆盖软件所有的功能,通常只是对系统中某些功能或模块做性能测试。性能测试通常用来识别系统瓶颈,分析并优化系统性能,评估系统能力以及验证系统的稳定性和可靠性等。

10.1 性能测试概述

10.1.1 软件性能

说到性能测试,我们有必要先了解一下软件性能。软件性能是软件的一种非功能特性,它关注的不是软件是否能够完成特定的功能,而是在完成该功能时展示出来的及时性。由于感受软件性能的主体是人,不同的人对于同样的软件性能会有不同的主观感受,而且不同的人对于软件性能关心的视角也不同。

- 用户视角:对用户而言,性能就是系统的响应时间。用户甚至不关心响应时间中哪些是软件造成的,哪些是硬件造成的。但用户感受到的响应时间既有客观成分,也有主观成分,甚至有心理因素。比如,用户需要多长时间登录进系统,用户需要多久打开某些页面,系统对用户的操作是否响应及时等。
- 系统管理员视角:管理员需要使用软件提供的管理功能等手段来方便普通用户使用。这类用户首先关注普通用户感受到的软件性能。其次,管理员需要进一步关注如何利用管理功能进行性能调试。比如,系统服务器资源利用率如何,系统能否实现扩展,系统最多能支持多少用户访问,系统在一定时间内连续运行是否会有问题等。

- 开发人员视角:开发人员的视角与管理员的视角基本一致,但开发人员需要更深入地关注软件性能。在开发过程中,开发人员希望能够尽可能地开发出高性能的软件。比如,系统架构设计是否合理,数据库设计是否合理,系统是否有不合理的资源竞争,代码算法是否需要改进等。
- 测试人员视角:测试人员需要从多个视角考虑,需要像用户一样关注系统的响应和系统稳定性等表面现象;也需要关注本质,如系统架构设计是否合理,系统代码是否需要优化,系统是否有内存溢出或内存泄漏等;同时还需要从测试的角度考虑如何去验证软件的性能,也就是需要采用的测试方法、测试类型和测试工具等。

10.1.2 软件性能测试的概念

软件性能测试的概念如下。

(1)百度词条定义:性能测试是通过自动化的测试工具模拟多种正常峰值及异常负载条件来对系统的各项性能指标进行测试的。负载测试和压力测试都属于性能测试。通过负载测试,确定在各种工作负载下系统的性能,目标是当负载逐渐增加时,测试系统各项性能指标的变化情况。压力测试是通过确定一个系统的瓶颈或者不能接受的性能点,来获得系统提供的最大服务级别的测试。

(2)维基百科定义:在计算机领域,软件性能测试被用来判断计算机、网络、软件程序或者驱动的速度和效率。这一过程会在同一实验环境下进行大量测试,以便于衡量系统功能的相应时长或者 MIPS(每秒执行指令数目)等指标。其他系统特性,如可靠性、可量测试、互用性等,也可以用性能测试来衡量。性能测试通常与压力测试一起进行。

软件性能测试是通过某种特定的方式,对被测试系统按照一定的测试策略进行施压,获取该系统的响应时间、运行效率、资源利用情况等各项性能指标,来评价系统是否满足用户性能需求的过程。性能测试一般建议在功能测试之后进行,因为功能测试是确保系统是否实现了满足用户需求的功能,性能测试可以确保系统的稳定性和可靠性。

性能测试的目的是验证软件系统是否能够达到用户提出的性能指标,同时发现软件系统中存在的性能瓶颈,以便优化软件,最后起到优化系统的目的。具体包括如下几个方面。

(1)评估系统的能力:测试中得到的负荷和响应时间数据可以被用于验证所计划的模型的能力,并帮助做出决策。

(2)识别体系中的弱点:受控的负荷可以增加到一个极端的水平,并突破它,从而修复体系的瓶颈或薄弱的地方。

(3)系统调优:重复运行测试,验证调整系统的活动得到了预期的结果,从而改进性能。

(4)检测软件中的问题:长时间的测试可导致程序发生由于内存泄漏而引起的失败,以便揭示程序中的隐含的问题或冲突。

(5)验证稳定性和可靠性:在一个生产负荷下执行一定时间的测试是评估系统稳定性和可靠性是否满足要求的唯一方法。

10.1.3　性能测试工程师

性能测试工程师是软件测试工程师的一种,除了要掌握基本的软件测试理论、软件测试的常用方法、编程语言、基本的职业素养以及沟通团队协作等能力之外,还需要掌握性能测试所特有的相关知识。

1. 数据库知识

数据库作为软件不可或缺的一部分,可以保存用户数据,也可以通过存储过程或触发器等数据库对象完成一些业务逻辑的处理。性能测试分析数据库性能问题时,需要考虑数据库的很多因素,如数据缓冲池大小、数据结构、应用程序之间的复杂联系。在做容量测试时,也需要考虑数据库的环境配置、数据库的问题定位和调优等。

2. 网络知识

几乎所有的性能测试工具都是基于协议来工作,因此,掌握相关网络协议的原理和规则是必需的,如常见的 DHCP、TCP/IP 协议等,也需要了解一些常见的抓包工具。同时,需要了解相关服务器的一些知识,特别是 Web 服务器的相关实现技术、服务器工作原理等。

3. 性能测试工具

性能测试一般都需要测试工具来完成,因此需要至少掌握一种性能测试工具,如LoadRunner。性能测试工程师需要掌握所使用工具的基本工作原理和流程、测试脚本开发、场景设计及分析等。

10.2　性能测试术语

性能测试内容丰富多样,包括基准测试、压力测试、负载测试、系统容量测试、并发性测试、稳定性测试等。不管测试内容是什么,都会涉及一些共用的性能测试专业术语。

1. 响应时间

响应时间(Response time)是指对请求做出响应所需要的时间,也就是从用户发送一个请求到用户接收到服务器返回的响应数据这段时间,通常把响应时间作为用户时间软件性能的主要体现。由于一个系统通常会提供许多功能,而不同功能的处理逻辑也千差万别,因而不同功能的响应时间也不尽相同,甚至同一功能在不同输入数据的情况下响应时间也不相同。所以,系统响应时间一般指该系统所有功能的平均时间或者所有功能的最大响应时间。在性能测试中,响应时间一般分为如下两种。①请求响应时间:从客户端发出请求到得到响应的整个过程的时间,单位通常为"秒"或"毫秒",即网络响应时间+服务器端响应时间;②事务响应时间:完成该事务所用的时间,其包含一个或多个"请求响应时间"。

对于单机的没有并发操作的应用系统而言,人们普遍认为响应时间是一个合理且准确的性能指标。需要指出的是,响应时间的绝对值并不能直接反映软件性能的高低,软件性能的高低实际上取决于用户对该响应时间的接受程度。对于一个游戏软件来说,响应时间小于 100ms 应该是不错的,响应时间在 1s 左右可能属于勉强可以接受,如果响应时间达到 3s就完全难以接受了。而对于编译系统来说,完整编译一个较大规模软件的源代码可能需要几十分钟甚至更长时间,但这些响应时间对于用户来说都是可以接受的。

2. 吞吐量

吞吐量(Throughput)是指单次业务中,客户端与服务器端进行的数据交互的总和。在实际测试中,更多地会用吞吐量除以传输时间来衡量,也就是吞吐率。吞吐率是指单位时间内系统处理的客户端请求的数量,是衡量网络性能的主要指标。一般使用请求数/秒作为吞吐量的单位,也可以使用页面数/秒表示;或者从业务角度来说,也可以使用访问人数/天或页面访问量/天作为单位。举例如下。

- 每秒事务数(Transactions Per Second,TPS):是指每秒系统能够处理的交易或事物的数量,是衡量系统处理能力的重要指标。
- 每秒查询率(Query Per Second,QPS):是指对一个特定的查询服务器在规定时间内所处理流量多少的衡量标准。在因特网上,作为域名系统服务器的机器的性能经常用每秒查询率来衡量。
- 单击率(Hit Per Second,HPS):是指每秒用户向 Web 服务器提交的 HTTP 请求数。单击率越高,表明对服务器产生的压力就越大。但是,单击率的大小并不能衡量系统的性能高低,因为它并没有代表单击一次操作产生的影响,它可能包含了一个或多个 HTTP 请求。如果把每次单击定义为一个交易,单击率和 TPS 就是一个概念。

3. 不同类型的用户数

①并发用户数是指系统可以同时承载的正常使用系统功能的用户数量。与吞吐量相比,并发用户数是一个更直观但也更笼统的性能指标。②在线用户数:某段时间内访问系统的用户数,这些用户并不一定同时向系统提交请求。③系统用户数:系统注册的总用户数据。

三者之间的关系:系统用户数≥在线用户数≥并发用户数。

在性能测试工具中,还会提到一个虚拟用户(Virtual Users)。虚拟用户是性能测试工具利用计算机模拟实际用户对系统做相关业务操作,对系统施加压力,又称为负载发生器。并发用户强调的是多个用户同时对系统服务器产生了影响,比如我们说"系统允许 1 000 个用户并发访问系统",那么,对于并发操作来说,这 1 000 个用户可以是同时执行相同的操作,也可以是不同的操作,只要对系统服务器产生了影响即可。但是,如果我们说"系统支持 1 000 个用户并发进行登录操作",那么,对于并发操作来说,这 1 000 个用户一定是同时执行登录的操作。

4. 性能计数器

性能计数器(Performance Counter)是指描述服务器或操作系统性能的一些数据指标,如使用内存数、进程时间,在性能测试中发挥着监控和分析的作用,尤其是在分析系统可扩展性、进行性能瓶颈定位时有着非常关键的作用。性能计数器利用对性能对象的监控,实时采集、分析系统内的应用程序、服务、驱动程序等的性能数据,以此来分析系统的瓶颈,监视组件的表现,最终帮助用户进行系统的合理调配。性能计数器种类繁多且复杂,不同的服务器和操作系统会有不同的计数器。系统中的性能对象包括处理器(Processor)、进程(Process)、线程(Thread)、网络通信(如 TCP、UDP、ICMP、IP 等)、系统服务(如 ACS/RSVP Service)等。

5. 资源利用率

资源利用率(Resource Utilization Rate)是指反映对系统的各种资源的使用程度,是性能测试中分析瓶颈、发现问题从而改善性能的主要参数之一。如 CPU 利用率、内存占有率和磁盘利用率等。在性能测试中,一般会用监控得到的资源利用率和预期设定的期望值或业界的一些通用值进行比较,当超出预期值后,有可能是资源不足导致系统瓶颈。如当 CPU 使用率经常高达 90% 以上甚至达到 100% 时,CPU 可能就是系统瓶颈所在。

6. 平均故障间隔时间

平均故障间隔时间(Mean Time Between Failure,MTBF)是指相邻两次故障之间的平均工作时间,也称为平均故障间隔,单位为小时。这是衡量一个产品(尤其是电器产品)的可靠性指标。

7. 思考时间

思考时间(Think Time)是指休眠时间,是用户每个操作后的暂停时间,或者叫操作之间的间隔时间,此时间内是不对服务器产生压力的。从业务角度来看,这个时间是指用户进行操作时每个请求之间的时间间隔,而在做性能测试时,为了模拟这样的时间间隔,引入了思考时间这个概念,来更加真实地模拟用户的操作。

10.3　性能测试类型

性能测试涉及的范围很广,相关的测试类型有很多且容易混淆。在实际测试过程中,我们不需要严格区分,因为在真正实施性能测试时,会综合使用各类方法来设计和开展测试。例如,运行 8 个小时来测试系统是否可靠,而这个测试极有可能包含了可靠性能测试、强度测试、并发测试、负载测试等。因此,在实施性能测试时绝不能割裂它们的内部联系去进行,而应该分析它们之间的关系,以一种高效率的方式来设计性能测试。下面列举一些常见的性能测试类型,也可以说是性能测试方法。

1. 负载测试

负载测试(Load Testing)是指不断增加系统的负载,直到负载达到阈值,从而评估系统在预期工作负载下的性能测试。这里增加负载的意思是在测试中增加并发用户数量、用户交互等,通常是在可控的环境下进行。典型的负载测试包括在负载测试过程中确定响应时间、吞吐量、误码率等。

负载测试一般用来了解系统的性能容量,或是配合性能调优来使用,它可以找到系统的性能极限,可以为性能调优提供相关数据。该类方法通常要基于或模拟系统真实的运行环境,且选取的业务场景也要尽可能地与实际情况相符。例如,对于具有预计 1 000 并发用户负载的新开发的应用程序来说,则需要创建负载测试的脚本,配置 1 000 个虚拟用户,然后持续运行 1 小时。负载测试完成后,再分析测试结果,确定应用程序将如何在预期的峰值负载下运行。

2. 压力测试

压力测试(Stress Testing)是指当硬件资源如 CPU、内存、磁盘空间等不充足时对软件稳定性的检查。压力测试属于负面测试,使大量并发用户/进程加载软件以使系统硬件资源不能应付。这个测试又被称为疲劳测试(Fatigue Testing)或强度测试(Strength Testing),通过超出其能力的测试来捕获应用程序的稳定性。

压力测试的主要思想是确定系统故障,关注系统如何优雅地恢复正常,这种质量被称为是可恢复性。其主要目的是检查系统处于压力性能下时软件应用的具体表现,一般用于测试系统的稳定性。

负面测试(Negative Testing)是相对于正面测试(Positive Testing)而言的。正面测试就是测试系统是否完成了它应该完成的功能;而负面测试就是测试系统是否不执行它不应该完成的操作。

3. 尖峰测试

尖峰测试(Spike Testing)其实可以算作是压力测试的子集。尖峰测试是在目标系统经受短时间内反复增加工作负载,以致超出预期生产操作的负载量时,分析系统的行为,验证其性能特征。它还包括检查应用程序是否可以从突然增加的超预期负荷中恢复出来的测试。例如,在电商应用程序中经常有"整点秒杀"的活动,所以在整点时间前后的两三分钟时间里,会有巨大数量的用户进入到该活动中秒杀商品。尖峰测试就是为了分析这类场景。

4. 可扩展性测试

可扩展性测试(Scalability Testing)是一种非功能的测试,它测试软件应用程序以确定所有非功能能力的扩展能力,如用户负载支持、事务数量、数据量等。

5. 容量测试

容量测试(Volume Testing)是一种非功能的测试,它通过向应用程序中添加大量的数据来实现。可以通过向数据库插入大量的数据或让应用程序处理一个大型文件来测试应用程序。通过容量测试,可以识别应用程序中具有大数据时的瓶颈,检查应用程序的效率,进而得到不同数据量级下应用程序的性能。例如,在一个新开发的网络游戏应用程序中,在进行容量测试时,可以通过向数据库中插入数百万行的数据,然后在这些数据的基础上进行性能的测试。注意,这里所说的数据一定是符合其功能场景的,不是毫无关系的数据。

6. 配置测试

配置测试(Configuration Testing)是通过对被测系统的软/硬件环境的调整,了解各种不同方法对软件系统的性能影响的程度,从而找到系统各项资源的最优分配原则。配置测试能充分利用有限的软/硬件资源,发挥系统的最佳处理能力,同时可以将其与其他性能测试类型联合应用,从而为系统提供重要依据。

配置测试方法的主要目的是了解各种不同因素对系统性能影响的程度,从而判断出最值得进行的调优操作。配置测试一般在对系统性能状况有初步了解后才进行,一般用于性能调优和软件处理能力的规划。

7. 并发测试

并发测试(Concurrency Testing)是通过模拟用户并发访问,测试多用户并发访问同一个软件、同一个模块或者数据记录时是否存在死锁或者其他的性能问题。

并发测试主要关注系统可能存在的并发问题,例如系统中的内存泄漏、线程锁和资源并用方面的问题。其主要目的是发现系统中可能隐藏并发访问时的问题。并发测试方法可以在开发的各个阶段使用,不过是需要相关的测试工具的配合和支持。也就是说,并发测试关注点是多个用户同时(并发)对一个模块或操作行为进行加压的一种测试。

8. 可靠性测试

可靠性测试(Reliability Testing)有时也称为稳定性测试(Stability Testing),是在给系

统加载一定业务压力的情况下,使系统运行一段时间,以此检测系统是否稳定。通常用MTBF(Mean Time Between Failure,平均故障间隔时间)来衡量系统的稳定性,MTBF 越大,系统的稳定性越强。

可靠性测试过程中需要关注系统的运行状况如何。也就是说,这种测试的关注点是"稳定",不需要给系统太大的压力,只要系统能够长期处于一个稳定的状态即可。其主要目的是验证软件系统是否支持长期稳定地运行,在能力的验证过程中找到系统不稳定的因素并进行分析解决。可靠性测试方法需要在压力下持续一段时间的运行。

9. 持久测试

持久测试(Endurance Testing)又被称为是浸泡测试(Soak Testing),它也是一种非功能的测试,也可以说是可靠性测试的一种具体体现。持久测试是指在相当长的时间内使用预期的负载量对系统进行测试,以检查系统的各种行为,如内存泄漏、系统错误、随机行为等。这里提到的相当长的时间是相对而言的,举例来说,如果一个系统设计为运行 3 个小时的时间,那可以使用 6 个小时的时间来进行持久测试;如果设计为 5 个小时的时间,不妨用10 个小时的时间来进行持久测试。对于现在的许多网络类应用程序,通常情况下会持续运行好多天,那么进行持久测试时可以选择更长的时间段。

10. 失效恢复测试

失效恢复测试(Failover Testing)是检测如果系统局部发生故障,确定系统能否继续使用,比如系统"能支持多少用户访问"和"采取何种应急措施"。该测试类型主要用来针对有多余备份和负载均衡的系统设计,主要目的是验证局部故障下系统能否继续使用,一般只有对系统持续运行能力有明确指标的系统才需要该类型测试。

上述介绍了几种常见的性能测试类型,这些类型本身有很大的共性且彼此密切联系,而且在一个性能测试场景中会包括上述多种测试类型,所以在实际的测试过程中不用刻意分清上述类型的区别,它们本身也有很多易混淆的地方,我们只需要根据实际工作的应用场景、产品的侧重点、用户的需求等综合考量,然后综合应用这些测试类型即可。

10.4　性能测试流程

性能测试遵循前面提到的软件测试流程,但是性能测试流程主体从性能测试的角度来说,性能测试会更多地关注性能需求分析以及性能测试结果分析并进行性能调优。下面将简述性能测试流程。性能测试流程如图 10-1 所示。

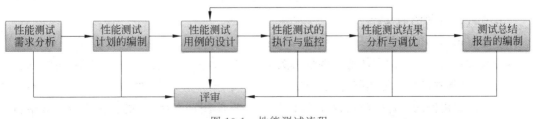

图 10-1　性能测试流程

1. 性能测试需求分析

性能测试需求分析是整个性能测试工作开展的基础,如果连性能的需求都没弄清楚,后面的性能测试的执行其实是没有任何意义的,而且性能需求分析做得好不好会直接影响到性能测试的结果。在需求分析阶段,测试人员需要与项目相关的人员进行沟通,收集各种项目资料,对系统进行分析,建立性能测试数据模型,并将其转化为可衡量的具体性能指标,确认测试的目标。确定后期性能分析用的性能指标是性能需求分析的重点,性能指标可以根据具体项目选取和设定,而具体的指标值则需要根据业务特点进行设定。

所以性能测试需求分析过程是繁杂的,需要测试人员有深厚的性能理论知识,除此之外还需要懂一些数学建模方面的知识,这样才利于建立性能测试模型。

例如,针对一个购物系统,可以从下面这些方面来分析性能测试需求。

(1) 系统登录操作响应时间是否小于 3s。

(2) 系统是否可支持 1 000 个用户同时在线操作。

(3) 系统每天是否能处理 10 000 个订单事务。

(4) 系统在 20:00—23:00 是否至少可支持 10 000 个用户同时提交订单。

(5) 系统处理速度是多少,峰值能力能否达到 10 000 笔/s。

(6) 系统允许的 CPU 使用率是否小于 70%,内存使用率是否小于 75%。

类似于上述的需求还有很多,所以,在性能测试需求分析阶段,需要分析具体的系统和业务信息等,以便提取出可以转换为开展性能测试的性能测试点。

2. 性能测试计划的编制

根据上述的性能需求,制订相应的性能测试计划,包括性能测试目标的确定、性能业务场景的分析、测试工具的选取、测试项目团队组成、测试策略的制定、测试进度安排以及测试风险评估等。

性能测试计划中的一条就是根据对系统业务、用户活跃时间、访问频率、场景交互等各方面的分析,整理一个业务场景表。当然最好对用户操作场景、步骤进行详细的描述,为测试脚本开发提供依据。业务场景分析一般考虑用户关注的主要功能模块,且一般考虑多用户并发执行正常的操作流程。例如:

(1) 确定系统中产生压力的主要功能模块或用户角色。

(2) 确定系统中产生压力的操作流程,包括必要的操作步骤和需要重复的次数。

(3) 针对并发用户的操作进行设计,包括不同的用户数据等。

(4) 确定并发用户数量、用户增加或减少的方式等。

3. 性能测试用例的设计

性能测试用例很大部分可以从功能测试用例衍生而来,但是这些用例是能够对系统产生压力或者跟用户关注的主体业务场景有关的。结合具体的性能测试工具,将用例转化为测试脚本,对脚本进行功能增强并做调试。

性能测试用例的设计一般包括性能测试策略、性能测试案例、性能测试内容。其中,性能测试策略一般包括对比测试环境和真实业务操作环境,真实业务操作环境又可能涉及局域网测试环境和机房测试环境等。性能测试案例主要是根据测试需求分析的结果制定出在测试执行时系统的执行方法,比如"5 个人同时录入不同的新客户信息及具体的模拟步骤"。在测试案例设计时应注意如下几点。

(1) 虚拟用户的操作步骤应尽量类似于真实用户的操作。

(2) 操作的数据要类似于真实用户实际使用的数据,例如,在案例中用户录入客户信息时,根据需求得到的结果,可以设计有 3~4 个虚拟用户在录入一些小客户的信息,1~2 个虚拟用户在录入大客户的信息等。

(3) 在案例设计时要充分考虑到需求中用户对模块的使用频率,使得在模拟时被每个模块使用。

4. 性能测试的执行与监控

在这个阶段,只需要按照之前已经设计好的业务场景、环境和测试用例脚本部署环境、执行测试并记录结果即可。测试执行与监控的主要目的是根据设计方案去验证系统是否存在瓶颈,给测试分析提供各种分析数据。通常做性能测试都是人工执行并随时观察系统运行的情况、资源的使用率等指标。没有人工执行的测试是无人值守测试,无人值守不是说没有人力介入,而是把人为的分析和执行过程分离,执行过程只是机器服从指令的运行而已。通常测试环境在白天比较繁忙,出现性能问题及定位难度较大且会影响功能测试,所以一般性能测试最好在晚上或周末进行,在相对安静的条件下有利于测试结果的稳定性。这种方法也相对比较适合敏捷的模式,不需要人工一直守着,只需要在拿到结果后进行分析就可以。同时,这种方式对测试人员能力的要求比较高,需要自动地收集各种监控数据并生成报表,便于后续分析。

5. 性能测试结果分析与调优

性能测试结果分析与调优是有别于功能测试的一个重要方面。性能测试分析的主要目的是根据测试执行获取到的数据去判断造成系统出现瓶颈的位置,挖掘造成系统瓶颈的真正原因。这个过程是技术含量最高的一环,因为在测试执行过程获取到的数据会涉及各个方面,在这个案例中就涵盖了网络方面的知识、系统方面的知识、应用方面的知识等,测试人员需要从这些繁杂的数据中挑出异常,系统越大、越复杂,在这个方面对测试人员的要求会更高。

性能测试分析的数据交付到开发组进行性能调优,经过调优后,一般都需要再次进行验证,验证主要关注调优后的结果是否解决了所发现的系统性能瓶颈,是否产生了新的性能瓶颈。这方面的工作主要由开发人员来完成。

6. 测试总结报告的编制

性能测试总结报告是性能测试的里程碑,通过总结报告能展示出性能测试的最终成果,展示系统性能是否符合需求,是否有性能隐患。性能测试总结报告中需要阐明性能测试目标、性能测试环境、性能测试数据构造规则、性能测试策略、性能测试结果、性能测试调优说明、性能测试过程中遇到的问题和解决办法等。

性能测试工程师完成该次性能测试后,需要将测试结果进行备案,并作为下次性能测试的基线标准,具体包括性能测试结果数据、性能测试瓶颈和调优方案等。同时需要将测试过程中遇到的问题,包括代码瓶颈、配置项问题、数据问题和沟通问题以及解决办法或解决方案进行知识性沉淀。

10.5 性能测试工具

性能测试与功能测试不同,性能测试的执行是基本功能的重复和并发,需要模拟多用户,在性能测试执行时需要监控指标参数,同时性能测试的结果不是那么显而易见,需要对数据进行分析,这些特点决定了性能测试更适合通过工具来完成。性能测试工具与自动化功能测试工具也是有区别的:性能测试工具一般是基于通信协议的(客户器与服务器交换信息所遵守的约定),它可以不关心系统的 UI,而自动使用对象识别技术,关注 UI 界面。自动化无法或很难造成负载,但是通过协议很容易。目前,市面上有很多比较成熟的性能测试工具,比如有 Loadrunner、JMeter、Was 等。从性能测试领域来说,性能测试工具大致可以分为负载压力测试工具、资源监控工具、故障定位/调优工具、网页分析与优化工具;从测试对象来说,大致可以分为服务器端性能测试工具、Web 页面性能测试工具、移动端性能测试工具等。下面简述几种比较常用的性能测试工具的特点和基本工作原理。

10.5.1 性能测试工具——LoadRunner

LoadRunner 是一种预测系统行为和性能的负载测试工具,通过模拟实际用户的操作行为进行实时性能监测,来帮助测试人员更快地查找和发现问题。LoadRunner 适用于各种体系架构,能支持广泛的协议和技术,为测试提供特殊的解决方案。企业通过LoadRunner 能最大限度地缩短测试时间,优化性能并加速应用系统的发布周期。

LoadRunner 提供了 3 大主要功能模块:VirtualUser Generator(虚拟用户生成器)用于捕获最终用户业务流程和创建自动性能测试脚本;LoadRunner Controller(控制器)用于创建、运行和监控场景,LoadRunner Analysis(分析器)用于查看、分析和比较性能测试结果。这 3 个模块既可以作为独立的工具完成各自的功能,又可以作为 LoadRunner 的一部分彼此衔接,与其他模块共同完成软件性能的整体测试。

LoadRunner 的基本工作原理如图 10-2 所示。

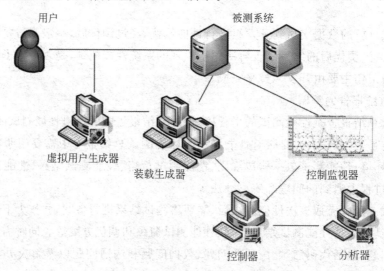

图 10-2　LoadRunner 的基本工作原理

LoadRunner 的基本工作流程如图 10-3 所示。

图 10-3　LoadRunner 的基本工作流程

LoadRunner 的操作简单演示如图 10-4～图 10-7 所示。

图 10-4　LoadRunner 录制页面

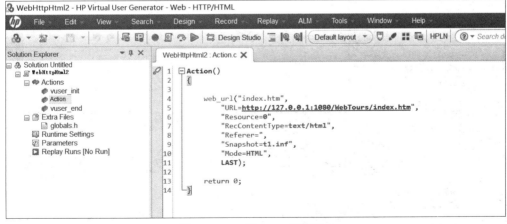

图 10-5　LoadRunner 录制脚本

以上是 LoadRunner 工具非常基础的一些操作页面，可以帮助我们对这个性能测试工具有一个大概的认识，关于 LoadRunner 更详细的使用可以参考性能测试相关方面的书籍。

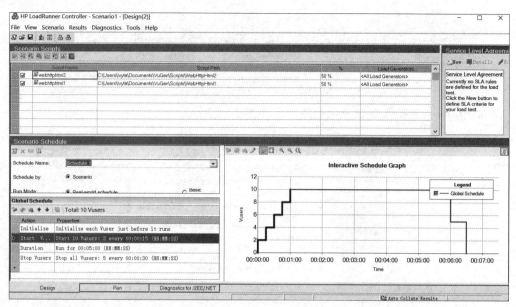

图 10-6　LoadRunner 场景设计

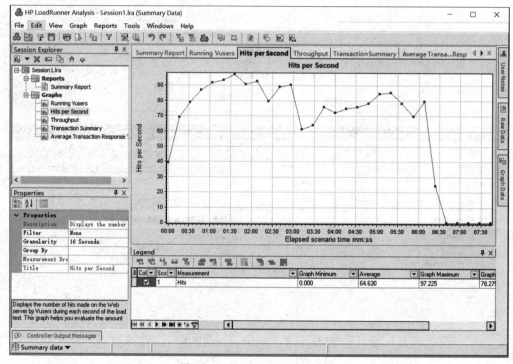

图 10-7　LoadRunner 结果分析

10.5.2　性能测试工具——JMeter

Apache JMeter 作为一款广为流传的开源压测产品,最初被设计用于 Web 应用测试,如今 JMeter 可以用于测试静态和动态资源,例如静态文件、Java 小服务程序、CGI 脚本、Java 对象、数据库、FTP 服务器等,还能对服务器、网络或对象模拟巨大的负载,通过不同压力类别测试它们的强度和分析整体性能。另外,JMeter 能够对应用程序做功能测试和回归测试,通过创建带有断点的脚本来验证程序是否返回了期望的结果。为了最大限度地增强程序的灵活性,JMeter 允许使用正则表达式创建断点。

JMeter 的特点包括对 HTTP 或 FTP 服务器、数据库进行压力测试和性能测试;具有完全的可移植性;有完全的 Swing 和轻量组件支持包;完全用多线程;可以用缓存和离线功能分析/回放测试结果;有可链接的取样器;具有提供动态输入到测试的功能;支持脚本编程的取样器等。在设计阶段,JMeter 能够充当 HTTP Proxy(代理)来记录浏览器的 HTTP 请求,也可以记录 Apache 等 Web 服务器的日志文件来重现 HTTP 流量,并在测试运行时以此为依据设置重复次数和并发度(线程数)来进行压测。

JMeter 里面的组件很多,包括测试计划、线程组、HTTP 请求等。JMeter 组件常用的层次结构如图 10-8 所示。

下面简单列举部分组件的基本功能。

(1) 测试计划:整个测试计划。

(2) 线程组:所有的任务都是基于线程组,开通多少个线程就代表有多少个并发用户。

(3) 确定一个线程组的时间:在这么多时间内完成全部测试,比如开了 2 个线程,而确定一个线程组的时间为 3s,则每个线程的间隔为 1.5s。

图 10-8　JMeter 组件常用的层次结构

(4) 取样器:所有的测试任务都是取样器,即任何测试任务的类别都是取样器,比如 HTTP 请求、JDBC 请求、FTP 请求。

(5) 断言:对取样器的测试进行判断并确定是否正确。

(6) 监听器:对取样器的请求结果进行统计、显示。

(7) HTTP 请求:模拟 HTTP 请求。

(8) 查看结果树:对于每个请求,可以查看 HTTP 请求和 HTTP 响应。

(9) 图形结果:可以图形显示吞吐量、响应时间等。

(10) 聚合报告:总体的吞吐量、响应时间。

JMeter 能够对 HTTP 和 FTP 服务器进行压力与性能测试,也可以对任何数据库进行同样的测试(通过 JDBC),下面简单演示如何用 JMeter 对 HTTP 接口进行测试。

(1) 打开 JMeter:下载完 JMeter 后,双击 bin 目录下的 jmeter.bat 文件来打开 JMeter,如图 10-9 所示。

(2) 添加线程组:在“测试计划”上右击选择“添加”→Threads(Users)→“线程组”命令,添加测试场景设置组件,“接口测试”中一般设置为 1 个“线程数”,根据测试数据的个数设定“循环次数”,如图 10-10 所示。

(3) 添加“HTTP Cookie 管理器”,如图 10-11 所示。

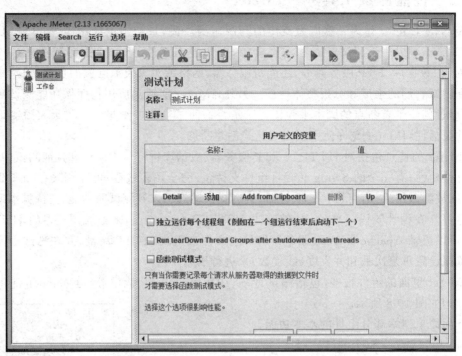

图 10-9　打开 JMeter

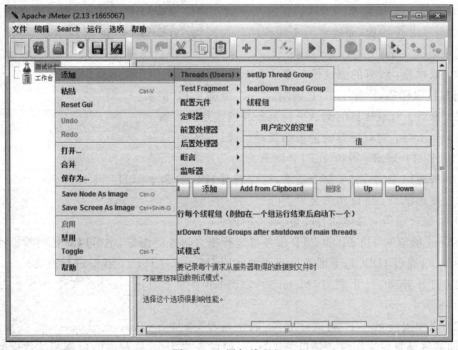

图 10-10　添加线程组

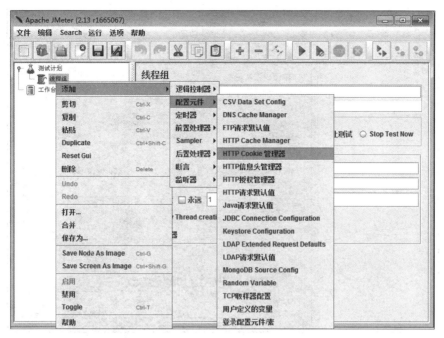

图 10-11　添加"HTTP Cookie 管理器"

（4）添加"HTTP 请求默认值"组件，当被测系统有唯一的访问域名和端口时，这个组件就比较好用。在"HTTP 请求默认值"组件配置页面填写被测系统的端口、HTTP 请求的实现包版本以及具体协议类型等，线程组里的所有 HTTP 取样器可默认使用此设置，如图 10-12和图 10-13 所示。

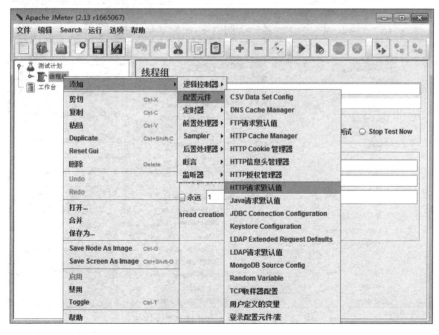

图 10-12　添加"HTTP 请求默认值"组件

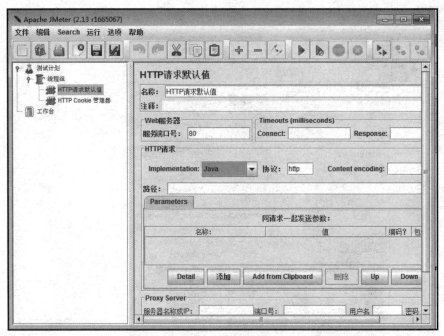

图 10-13　设置"HTTP 请求默认值"

（5）在"线程组"里添加"HTTP 请求"取样器，在"HTTP 请求"设置页面中录入被测接口的详细信息，包括路径、方法以及随请求一起发送的参数列表，如图 10-14 和图 10-15 所示。

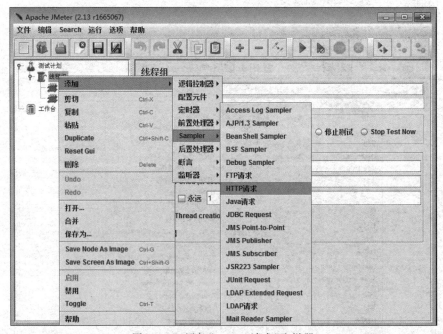

图 10-14　添加"HTTP 请求"取样器

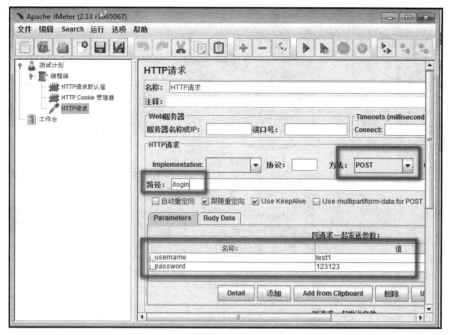

图 10-15　录入接口信息

（6）设置检查点，即在被测接口对应的"HTTP 请求"上添加"断言"，如图 10-16 所示。

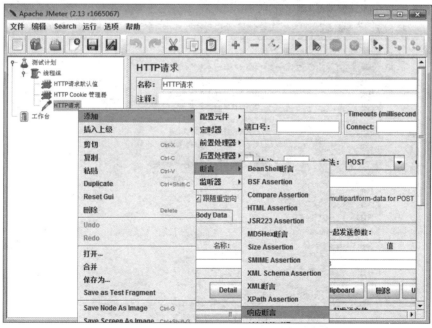

图 10-16　添加相应的断言

（7）在设置页面上添加对相应结果的正则表达式存在性的判断即可，如图 10-17 所示。

（8）添加监听器，方便查看运行后的结果，如图 10-18 和图 10-19 所示。

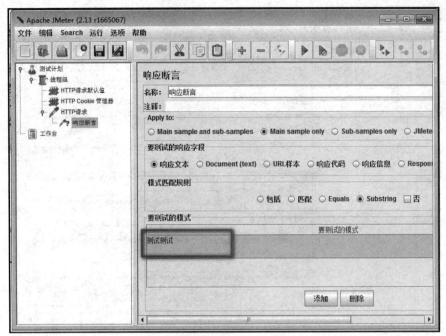

图 10-17　添加判断

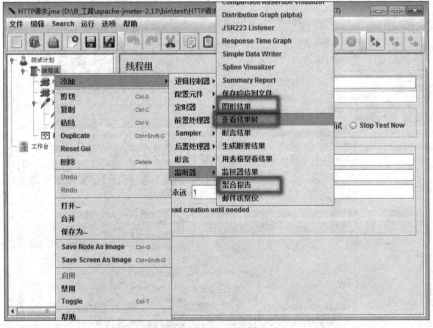

图 10-18　查看结果

　　上述步骤完成了一个简单测试案例的创建,复杂测试案例均可在此基础上扩展完成。使用 JMeter 工具开发的接口测试案例,一个子系统建议放在同一个测试计划中,流程测试可以通过线程组来区分,这样也便于设定不同的测试数据个数。比较独立的接口可以统一

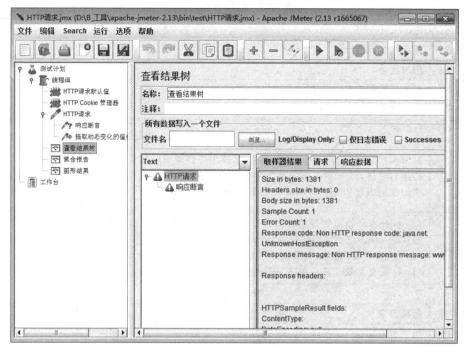

图 10-19　结果显示

放在一个线程组内，顺序完成测试。

以上是 JMeter 工具进行接口测试的一个简单案例，这个工具更详细的使用可以参考 JMeter 测试相关方面的书籍。

10.6　实例：性能测试方案设计

我们以一个物流管理系统登录页面为例，简单介绍登录功能的性能测试方案设计。该系统后台登录窗口如图 10-20 登录页面。

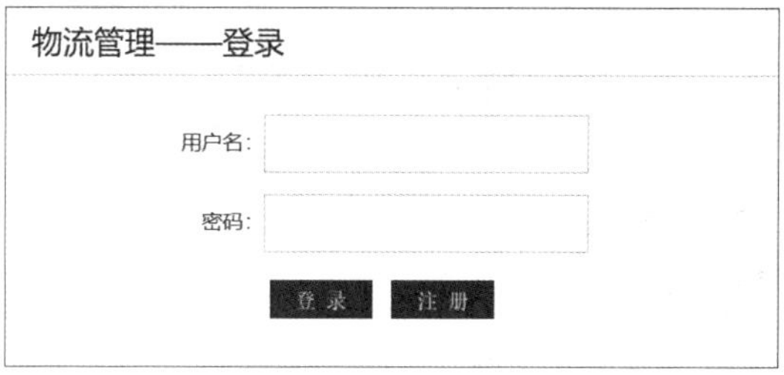

图 10-20　物流管理登录页面

对于登录功能，我们可以考虑当多个用户同时访问登录页面时系统响应时间是否符合业界的基本规则，系统内存利用率是否超过 80% 等。具体的性能方案设计如表 10-1 所示。

表 10-1　性能方案设计

用例编号	BXWL_P_001		
用例标题	登录_性能设计		
验证功能	用户登录		
测试目的	较大并发用户数登录并安全退出的要求		
前提条件	有正确的账号和密码		
并发用户数	200 个、500 个		
方法	并发用户数设置为 200 个和 500 个,模拟用户登录系统的负载压力情况,并进行连续 5min 的压力测试,记录系统登录事务交易的平均响应时间及成功率,作为系统在实际使用情况中的性能表现依据。对不成功的交易的各项性能指标进行分析,再定位问题发生的原因		
测试步骤	(1) 打开百幸物流管理系统登录界面: http://www.jaju.cn/Login2.aspx。 (2) 输入用户名为 123456789,密码为 123456。 (3) 单击"登录"按钮,登录进入系统。 (4) 待页面加载完成后单击"安全退出"退出系统		
脚 本 设 置			
参数设置	参数需求	参数类型	取值方式
	用户名参数化	每次迭代中更新	按表中顺序
	密码参数化	每次迭代中更新	与用户名匹配
事务设置	事务名称	起始位置	结束位置
	BXWL_login	进入登录页面之后	登录成功之后
集合点设置	集合点名称	集合点位置	
	cp_login	单击"登录"按钮之前	
场 景 设 置			
场景编号	内　　容		
1	初始 50 个用户,每 30s 增加 50 个用户,增加到 200 个用户。然后每 30s 退出 50 个用户		
2	初始 50 个用户,每 30s 增加 50 个用户,增加到 500 个用户。持续时间 5min,然后每 30s 退出 50 个用户		
期 望 结 果			
虚拟用户数	响应时间	事务成功率	备　　注
200	≤5s	100%	平均响应时间
500	≤8s	100%	平均响应时间

10.7　本章小结

　　本章重点介绍了性能测试相关的基本理论和工具应用。首先介绍性能测试相关的名词,如软件性能、软件性能测试以及性能测试相关的响应时间、吞吐量、并发用户数等概念;接着介绍了性能测试的测试流程和基本工作原理;最后介绍了两种比较主流的性能测试工具 LoadRunner 和 JMeter 的基本应用。

10.8　练习题

1. 判断题

（1）为验证某音乐会订票系统是否能够承受大量用户同时访问，测试工程师一般采用负载压力测试工具。　　　　　　　　　　　　　　　　　　　　　　（　　）

（2）常见的性能测试工具有 JMeter 和 LoadRunner。　　　　　　　　　（　　）

（3）在各种资源超负荷情况下，观察系统的运行情况的测试是容量测试方法。（　　）

（4）吞吐量是指单位时间内流经被测系统的数据流量。　　　　　　　　　（　　）

（5）性能测试工作开始于测试阶段。　　　　　　　　　　　　　　　　　（　　）

2. 选择题

（1）单击率是 LoadRunner 中重要的性能参数指标，它主要是用来观测（　　　）。

    A. 每秒钟系统能够处理的交易或事务的数量

    B. 每秒钟发送的 HTTP 请求的数量

    C. 对不同资源的使用程度

    D. 完成相应事务所用的时间

（2）下列不属于性能测试的测试是（　　　）。

    A. 负载测试　　　　　　B. 压力测试　　　　　　C. 稳定性测试　　　　D. 等价类测试

（3）TPS(Transaction Per Second)是 LoadRunner 中重要的性能参数指标，它主要是用来观测（　　　）。

    A. 每秒钟系统能够处理的交易或事务的数量

    B. 每秒钟发送的 HTTP 请求的数量

    C. 对不同资源的使用程度

    D. 完成相应事务所用的时间

（4）下列关于软件性能测试的说法中，正确的是（　　　）。

    A. 性能测试的目的不是为了发现软件缺陷

    B. 压力测试与负载测试的目的都是为了探测软件在满足预定性能需求的情况下所能负担的最大压力

    C. 性能测试通常要对测试结果进行分析才能获得测试结论

    D. 在性能下降曲线上，最大用户数通常处于性能轻微下降区与性能急剧下降区的交界处

（5）在登录系统的时候，如果系统禁止同一个用户重复登录，那么我们模拟进行负载测试时，在编辑脚本时应加入（　　　）技术。

    A. 事务　　　　　　　　B. 参数化　　　　　　　C. 集合点　　　　　　D. 检查点

3. 简答题

（1）什么是性能测试？其应用领域分别是什么？

（2）简述性能测试的步骤。

第 11 章　Web 测试

本章目标

- 掌握 Web 功能测试的内容。
- 熟悉 Web 性能测试的类型。
- 熟悉 Web 安全性测试。
- 熟悉 Web 可靠性测试。
- 了解兼容性测试。
- 了解数据库测试。

随着互联网的快速发展和广泛应用,Web 网站已经应用到政府机构、企业公司、财经证券、教育娱乐等各个方面,对我们的工作和生活产生了深远的影响。正因为 Web 能够提供各种信息的连接和发布,并且容易被终端用户存取,使得其非常流行、无所不在。现在,许多传统的信息和数据库系统正在被移植到互联网上,复杂的分布式应用也正在 Web 环境中出现。

基于 Web 网站的测试是一项重要、复杂并且富有难度的工作。Web 测试相对于非Web 测试来说是更具挑战性的工作,用户对 Web 页面质量有很高的期望。基于 Web 的系统测试与传统的软件测试不同,它不但需要检查和验证是否按照设计所要求的项目正常运行,而且还要测试系统在不同用户的浏览器端的显示是否合适。另外,还要从最终用户的角度进行安全性和可用性测试。然而,因特网和 Web 网站的不可预见性使测试基于 Web 的系统变得困难,因此,我们需要研究基于 Web 网站的测试方法和技术。

11.1　Web 网站功能测试

功能测试是测试中的重点,在实际的测试工作中,功能在每一个系统中都具有不确定性,而我们不可能采用穷举法进行测试。测试工作的重心在于 Web 站点的功能是否符合需求分析的各项要求。

功能测试主要包括如下几个方面的内容。

1. 页面内容测试

内容测试用来检测 Web 应用系统提供信息的正确性、准确性等。

(1) 正确性。信息的正确性是指确认信息是真实可靠的,而不是胡乱编造的。例如,一条虚假的新闻报道可能引起不良的社会影响,甚至会让公司陷入麻烦之中,也可能涉及法律方面的问题。

（2）准确性。信息的准确性是指网页文字表述是否符合语法逻辑或者是否有拼写错误。在 Web 应用系统开发的过程中,开发人员可能不是特别注重文字表达,有时文字的改动只是为了页面布局的美观。可怕的是,这种现象恰恰会产生严重的误解。因此,测试人员需要检查页面内容的文字表达是否恰当。这种测试通常使用一些文字处理软件来进行,例如使用 Microsoft Word 的"拼音与语法检查"功能。但仅仅利用软件进行自动测试是不够的,还需要人工测试文本内容。

另外,测试人员应该保证 Web 站点看起来更专业些。过分地使用粗斜体、大号字体和下画线可能会让人感到不舒服,一篇到处是大字体的文章会降低用户的阅读兴趣。

2. 链接测试

链接是使用户可以从一个页面浏览到另一个页面的主要手段,是 Web 应用系统的一个主要特征,它是在页面之间切换和指导用户去一些不知道地址的页面的主要手段。链接测试需要验证 3 个方面的问题。

（1）用户单击链接是否可以顺利地打开所要浏览的内容,即链接是否按照指示的那样确实链接到了要链接的页面。

（2）所要链接的页面是否存在。实际上,好多不规范的小型站点,其内部链接都是空的,这让浏览者感觉很不好。

（3）保证 Web 应用系统上没有孤立的页面,所谓孤立的页面是指没有链接指向该页面,只有知道正确的 URL 地址才能访问。

3. 表单测试

当用户给 Web 应用系统管理员提交信息时,就需要使用表单操作,例如用户注册、登录、信息提交等。表单测试主要是模拟表单提交过程,检测其准确性,确保每一个字段在工作中正确。

表单测试主要考虑如下几个方面内容。

（1）表单提交应当模拟用户提交,验证是否完成功能,如注册信息。

（2）要测试提交操作的完整性,以校验提交给服务器的信息的正确性。

（3）使用表单收集配送信息时,应确保程序能够正确处理这些数据。

（4）要验证数据的正确性和异常情况的处理能力等,注意是否符合易用性要求。

（5）在测试表单时,会涉及数据校验问题。

4. Cookies 测试

Cookies 通常用来存储用户信息和用户在某个应用系统的操作,当一个用户使用 Cookies 访问了某一个应用系统时,Web 服务器将发送关于用户的信息,把该信息以 Cookies 的形式存储在客户端计算机上,这可用来创建动态和自定义页面或者存储登录等信息。关于 Cookies 的使用可以参考浏览器的帮助信息。如果使用 B/S 结构,Cookies 中存放的信息更多。

如果 Web 应用系统使用了 Cookies,测试人员需要对它们进行检测。测试的内容可包括 Cookies 是否起作用,是否按预定的时间进行保存,刷新对 Cookies 有什么影响等。如果在 Cookies 中保存了注册信息,请确认该 Cookies 能够正常工作而且已对这些信息加密。

如果使用 Cookies 来统计次数,需要验证次数累计是否正确。

5. 设计语言的测试

Web 设计语言版本的差异可以引起客户端或服务器端的一些严重问题,例如使用哪种版本的 HTML 等。当在分布式环境中开发时,开发人员都不在一起,这个问题就显得尤为重要。除了 HTML 的版本问题外,不同的脚本语言,例如 Java、JavaScript、ActiveX、VB Script 或 Perl 等也要进行验证。

11.2 性能测试

性能测试是为了获得系统在某种特定的条件下(包括特定的负载条件下)的性能指标数据而进行的测试。性能测试使用负载测试的技术、工具以及用不同的负载水平来度量性能指标和建立性能基准。我们一般通过负载测试和压力测试等对 Web 系统进行不同级别的负载,从而发现软件系统中所存在的问题,包括性能瓶颈、内存泄漏等。

1. 负载测试

负载测试是为了测量 Web 系统在某一负载级别上的性能,以保证 Web 系统在需求范围内能正常工作。负载级别可以是某个时刻同时访问 Web 系统的用户数量,也可以是在线数据处理的数量。

负载测试包括的问题有:Web 应用系统能允许多少个用户同时在线,如果超过了这个数量,会出现什么现象;Web 应用系统能否处理大量用户对同一个页面的请求。负载测试的作用是在软件产品投向市场以前,通过执行可重复的负载测试,预先分析软件可以承受的并发用户的数量极限和性能极限,以便更好地优化软件。

负载测试应该安排在 Web 系统发布以后,在实际的网络环境中进行测试。因为一个企业的内部员工,特别是项目组人员总是有限的,而一个 Web 系统能同时处理的请求数量将远远超出这个限度,所以,只有放在 Internet 上,接受负载测试,其结果才是正确可信的。

Web 负载测试一般使用自动化工具来进行。

2. 压力测试

系统检测不仅要使用户能够正常访问站点,在很多情况下,可能会有黑客试图通过发送大量数据包来攻击服务器。基于安全的原因,测试人员应该知道当系统过载时,需要采取哪些措施,而不是简单地提升系统性能。这就需要进行压力测试。

进行压力测试是指实际破坏一个 Web 应用系统时测试系统的反应。压力测试是测试系统的限制和故障恢复能力,也就是测试 Web 应用系统会不会崩溃,在什么情况下会崩溃。黑客常常提供错误的数据负载,通过发送大量数据包来攻击服务器,直到 Web 应用系统崩溃,接着当系统重新启动时获得存取权。无论是利用预先写好的工具,还是创建一个完全专用的压力系统,压力测试都是用于查找 Web 服务(或其他任何程序)问题的本质方法。

压力测试的区域包括表单、登录和其他信息传输页面等。

3. 疲劳强度测试

疲劳强度测试又称为持久度测试,可以被当作是一个长期的负载或压力测试,它是选择 Web 服务器稳定运行情况下能够支持的最大并发用户数,持续执行一段时间业务,通过综合分析交易执行指标和资源监控指标来确定系统处理最大工作量强度性能的过程。疲劳强度测试可以采用工具自动化生成的方式进行测试,也可以手工编写程序测试,其中后者所占的比例较大。

一般情况下以 Web 服务器能够正常稳定响应请求的最大并发用户数进行一定时间的疲劳测试,获取交易执行指标数据和系统资源监控数据。如出现错误导致测试不能成功执行,则及时调整测试指标,例如降低用户数、缩短测试周期等。还有一种情况的疲劳测试是对当前系统性能的评估,用系统正常业务情况下并发用户数为基础,进行一定时间的疲劳测试。

4. 连接速度测试

连接速度测试是对打开网页的响应速度测试。用户连接到 Web 应用系统的速度根据用户上网方式的变化而变化,他们或许是用电话拨号,或是用宽带上网。当下载一个程序时,用户可以等较长的时间,但如果仅仅访问一个页面就不会这样。如果 Web 系统响应时间太长(例如超过 10s),用户就会因没有耐心等待而离开。

另外,有些页面有超时的限制,如果响应速度太慢,用户可能还没来得及浏览内容,就需要重新登录。而且连接速度太慢,还可能引起数据丢失,使用户得不到真实的页面。

11.3　安全性测试

随着互联网时代的崛起,互联网业务更新愈加频繁,Web 技术也越来越多样化。由于一些开发工程师对技术的掌握不够深入,对系统的安全漏洞不够重视,从而导致重要的安全漏洞产生。网络安全问题变得日益重要,特别对于有交互信息的网站及进行电子商务活动的网站尤其重要。站点涉及银行信用卡支付问题、用户资料信息保密问题等。Web 页面随时会传输这些重要信息,所以一定要确保安全性。一旦用户信息被黑客捕获泄露,客户在进行交易时,就不会有安全感,甚至后果严重。

11.3.1　安全性测试内容

根据 ISO 8402 的定义,安全性是“使伤害或损害的风险限制在可接受的水平内”。从这个定义可以看出,安全性是相对的,没有绝对的安全,只要有足够的时间和资源,系统都是有可能被侵入或被破坏的。所以,系统安全设计的准则是,使非法侵入的代价超过被保护信息的价值,此时非法侵入者已无利可图。一个软件系统可能有很多潜在的不安全因素,很容易被非法侵入、遭到破坏,或者其机密信息被窃取等。这些不安全的因素主要有如下几种。

(1) 没有被验证的输入,容易受到跨站点脚本(Cross-Site Scripting,XSS)攻击。

(2) SQL 注入式漏洞。

(3) 缓存区溢出。

(4) 不恰当的异常处理。

（5）不安全的数据存储或传递。

（6）不安全的配置管理。

（7）有问题的访问控制,权限分配有问题。

（8）口令设置简单,包括长度、构成和更新频率。

（9）错误的认证和会话管理。

（10）暴露的端口或入口。

软件安全性测试就是检验系统权限设置有效性、防范非法入侵的能力、数据备份和恢复能力等。通过软件安全性测试,设法找出各种安全性漏洞,使这些漏洞能被及时处理。对于Web 应用系统,安全性测试则显得更为重要。

1. 跨站脚本攻击

跨站脚本攻击是指攻击者在页面某些输入域中使用跨站脚本来发送恶意代码给没有发觉的用户,窃取用户的某些资料和信息。一般的跨站点脚本攻击会利用漏洞执行document. write,写入一段 JavaScript 让浏览器执行。Web 应用系统需要屏蔽 document. write 或者把用户可能注入的脚本放在一个 display＝none 的 Div 中,让注入攻击失败。当前,还发现了用内置 HTML 的方式注入可见 Div,实现跨站点脚本攻击的方式。所以,要保证页面的安全性,所有页面上的输入域都需要验证,以防止 XSS 攻击。具体的跨站脚本攻击类型如下。

（1）数据类型（字符串、整型、实数等）。

（2）允许的字符集。

（3）最小和最大的长度。

（4）是否允许空输入。

（5）参数是否是必需的。

（6）重复是否允许。

（7）数值范围。

（8）特定的值（枚举型）。

（9）特定的模式（正则表达式）。

2. SQL 注入式攻击

如果用户登录时,直接输入的用户名和口令构成 SQL 语句进行判断,而没有进行任何的过滤和处理,则包含了 SQL 注入式漏洞。因为攻击者只要根据 SQL 语句的编写规则,附加一个永远为"真"的条件,使系统中某个认证条件总是成立,从而欺骗系统、躲过认证,进而侵入系统。例如下面这个示例:

```
usename=Request.from("username")
password=Request.from("password")
xSql=" select  *  from admin where username=" ' &username& ' " and password=" '
&password&'"
rs.open.xSql.com..0.3
if not rs.eof then
    session("logon")=true
    response.redirect("next.asp")
end if
```

攻击者只需要在用户名的输入框中输入"or'1'='1'，而口令可以随意输入，如 abc。结果，xSql 的表达式则为：

```
xSql="select * from admin where username="or'1'='1'and password='abc'"
```

这个表达式总是成立的，从而逃过用户验证。正确的程序是，单独取 username 的值，到数据库中搜索，如果没找到，就返回 false；如果找到，将数据库密码和输入的密码进行比较。即将用户名、密码单独比较处理，这样做才安全可靠。

3. URL 和 API 的身份验证

有时在页面中单击按钮、菜单、链接等都有安全验证，但将一些地址直接输入到新打开的浏览器，可以绕过"登录"页面。

测试时，首先以正常的用户登录到系统中，登录的时候不要选中类似"记住我的账号"的复选框。然后进行正常的操作，进入某些关键的页面，将这些页面的 URL 复制下来，逐个测试。如果系统提示用户登录，说明没问题；否则说明有问题。这种情况更多发生在提供给第三方的应用接口（API）软件包中。其次，在 URL 中不能直接传递重要参数，更不能直接传递用户名和密码。即使要传递用户信息，必须设定另外一个独立的用户代号（如屏幕名，非真实用户注册名）。在 Web 安全测试中，这些都是测试点。

4. 其他 Web 安全性测试

（1）登录测试时，需要考虑输入的密码是否有长度和条件限制、最多可以尝试多少次登录、密码失效周期、密码能否被欺骗或绕过等。

（2）Web 应用系统是否有超时限制（Session 过期），当用户长时间不做任何操作时，需要重新登录才能使用其功能。

（3）系统是否允许用户看到别人的用户 ID，而只能看到其他用户的别名或屏幕名。

（4）浏览器缓存中认证和会话数据不用 GET 来发送，应该使用 POST。

（5）程序在抛出异常的时候是否给出了比较详细的内部错误信息，从而暴露了不应该显示的执行细节，因此具有潜在的安全性危险。

（6）是否能使用缓冲区溢出来破坏 Web 应用程序的栈，通过发送特别编写的代码到 Web 程序中，攻击者可以让 Web 应用程序来执行任意代码。

（7）Config 中的链接字符串以及用户信息、邮件、数据存储信息是否受到保护。

（8）是否能直接使用服务器脚本语言，目录是否被保护，Session 和 Cookie 处理是否恰当。

11.3.2　安全性测试工具

安全性测试一直充满着挑战，安全和非法入侵/攻击始终是矛和盾的关系，所以安全性测试工具一直没有绝对的标准，在选择安全性测试工具时，我们需要建立一套评估标准。根据这个标准，我们能够得到合适的且安全的工具，不会对软件开发和维护产生不利的影响。

1. 安全性测试的评估标准

安全性测试工具的评估标准主要包括下列内容。

（1）支持常见的 Web 服务器平台，如 IIS 和 Apache，支持 HTTP、SOAP、SIMP 等通信

协议以及 ASP、JSP、ASP.NET 等网络技术。

(2) 能同时提供对源代码和二进制文件进行扫描的功能,包括一致性分析、各种类型的安全性弱点等,找到可能触发或隐含恶意代码的地方。

(3) 漏洞检测和纠正分析。这种扫描器应当能够确认被检测到漏洞的网页,以理解的语言和方式来提供改正建议。

(4) 检测实时系统的问题,像死锁检测、异步行为的问题等。

(5) 持续有效地更新其漏洞数据库。

(6) 不改变被测试的软件,不影响代码。

(7) 良好的报告,如对检测到的漏洞进行分类,并根据其严重程度对其等级评定。

(8) 非安全专业人士也易于上手。

(9) 可管理部署的多种扫描器,尽可能产生小的误差等。

2. 常见的安全性测试工具

(1) Nikto。这是一个开源的 Web 服务器扫描程序,它可以对 Web 服务器的多种项目(包括 3 500 个潜在的危险文件/CGI,以及超过 900 个服务器版本,还有 250 多个服务器上的版本特定问题)进行全面的测试。其扫描项目和插件经常更新并且可以自动更新(如果需要)。Nikto 可以在尽可能短的周期内测试 Web 服务器,这在其日志文件中相当明显。不过,如果你想试验一下(或者测试你的 IDS 系统),它也可以支持 Lib Whisker 的反 IDS 方法。

(2) Paros Proxy。这是一个对 Web 应用程序的漏洞进行评估的代理程序,即一个基于 Java 的 Web 代理程序,可以评估 Web 应用程序的漏洞。它支持动态地编辑/查看 HTTP/HTTPS,从而改变 Cookies 和表单字段等项目。它包括一个 Web 通信记录程序,Web 圈套程序(Spider),Hash 计算器,还有一个可以测试常见的 Web 应用程序攻击(如 SQL 注入式攻击和跨站脚本攻击)的扫描器。

(3) WebScarab。可以分析使用 HTTP 和 HTTPS 协议进行通信的应用程序,WebScarab 可以用最简单的形式记录它观察的会话,并允许操作人员以各种方式观察会话。如果你需要观察一个基于 HTTP(S)应用程序的运行状态,那么 WebScarab 就可以满足你这种需要。不管是帮助开发人员调试其他方面的难题,还是允许专业安全人员识别漏洞,它都是一款不错的工具。

(4) Burpsuite。这是一个可以用于攻击 Web 应用程序的集成平台。Burp 套件允许一个攻击者将人工的和自动的技术结合起来,以列举、分析、攻击 Web 应用程序,或利用这些程序的漏洞。各种各样的 Burp 工具协同工作,共享信息,并允许将一种工具发现的漏洞形成另外一种工具的基础。

(5) Acunetix Web Vulnerability Scanner。这是一款商业级的 Web 漏洞扫描程序,它可以检查 Web 应用程序中的漏洞,如 SQL 注入、跨站脚本攻击、身份验证页上的弱口令长度等。它拥有一个操作方便的图形用户界面,并且能够创建专业级的 Web 站点安全审核报告。

(6) Watchfire AppScan。这是一款商业类的 Web 漏洞扫描程序。AppScan 在应用程序的整个开发周期都提供安全测试,从而简化了部件测试和保证了开发的安全。它可以扫描许多常见的漏洞,如跨站脚本攻击、HTTP 响应拆分漏洞、参数篡改、隐式字段处理、后门/调试选项、缓冲区溢出等。

（7）N-Stealth。这是一款商业级的 Web 服务器安全扫描程序。它比一些免费的 Web 扫描程序，如 Whisker/libwhisker、Nikto 等的升级频率更高，它宣称含有"30 000 个漏洞和漏洞程序"以及"每天增加大量的漏洞检查"，不过这种说法令人质疑。还要注意，实际上所有通用的 VA 工具，如 Nessus、ISS Internet Scanner、Retina、SAINT、Sara 等都包含 Web 扫描部件。虽然这些工具并非总能保持软件更新，也不一定很灵活。N-Stealth 主要为 Windows 平台提供扫描，但并不提供源代码。

（8）WebInspect。这是一款强大的 Web 应用程序扫描程序。SPI Dynamics 的这款应用程序安全评估工具有助于确认 Web 应用中已知的和未知的漏洞。它还可以检查一个 Web 服务器是否正确配置，并会尝试一些常见的 Web 攻击，如参数注入、跨站脚本、目录遍历攻击（Directory Traversal）等。

（9）Libwhisker。这是一个 Perla 模块，适合于 HTTP 测试。它可以针对许多已知的安全漏洞测试 HTTP 服务器，特别是检测危险 CGI 的存在。Whisker 是一个使用 Libwhisker 的扫描程序。

（10）Burpsuite。这是一个可以用于攻击 Web 应用程序的集成平台。Burp 套件允许一个攻击者将人工的和自动的技术结合起来，以列举、分析、攻击 Web 应用程序，或利用这些程序的漏洞。

11.4　可用性/可靠性测试

可用性（Usability）是指产品在特定使用环境下为特定用户用于特定用途时所具有的有效性（Effectiveness）、效率（Efficiency）和用户主观满意度（Satisfaction）。可靠性（Reliability）是产品在规定的条件下和规定的时间内完成规定功能的能力，它的概率度量称为可靠度。软件可靠性是软件系统的固有特性之一，它表明了一个软件系统按照用户的要求和设计的目标，执行其功能的可靠程度。我们可以从下面这些方面对 Web 系统进行可用性/可靠性测试。

1. 导航测试

导航描述了用户在一个页面内操作的方式，在不同的用户接口控制之间，例如按钮、对话框、列表和窗口等；或在不同的连接页面之间。

测试的主要目的是检测一个 Web 应用系统是否易于导航，具体内容包括如下 3 点。

（1）导航是否直观。

（2）Web 系统的主要部分是否可通过主页存取。

（3）Web 系统是否需要站点地图、搜索引擎或其他的导航帮助。

2. Web 图形测试

在 Web 应用系统中，适当的图片和动画既能起到广告宣传的作用，又能起到美化页面的功能。一个 Web 应用系统的图形可以包括图片、动画、边框、颜色、字体、背景、按钮等。图形测试的内容有如下几个。

（1）要确保图形有明确的用途，图片或动画不要胡乱地堆在一起，以免浪费传输时间。

Web 应用系统的图片尺寸要尽量地小,并且要能清楚地说明某件事情,一般都链接到某个具体的页面。

(2) 验证所有页面字体的风格是否一致。

(3) 背景颜色应该与字体颜色和前景颜色相搭配。通常来说,使用少许或尽量不使用背景是个不错的选择。如果要用背景,那么最好使用单色的,和导航条一起放在页面的左边。另外,图案和图片可能会转移用户的注意力。

(4) 图片的大小和质量也是一个很重要的因素,一般采用 JPG 或 GIF 压缩格式,最好能使图片的大小减小到 30KB 以下。

(5) 验证文字回绕是否正确。如果说明文字指向右边的图片,应该确保该图片出现在右边。不要因为使用图片而使窗口和段落排列古怪或者出现孤行。

(6) 确认图片能否正常加载,用来检测网页的输入性能好坏。如果网页中有太多图片或动画插件,就会导致传输和显示的数据量巨大,从而减慢网页的输入速度,甚至会影响图片的加载。

3. 图形用户界面测试

(1) 整体界面测试。

(2) 界面测试要素。主要包括是否符合标准和规范,以及灵活性、正确性、直观性、舒适性、实用性、一致性。

(3) 界面测试内容。主要检测一个 Web 应用系统是否易于导航,具体内容包括站点地图和导航条、使用说明、背景/颜色、图片、表格。

11.5 配置和兼容性测试

兼容性需要考虑不同的平台、浏览器、打印设置等。在项目测试计划阶段,测试人员需要考虑将测试内容分配给使用不同的测试平台的测试人员,并使用不同的浏览器来保证测试的覆盖率。

1. 平台测试

市面上有很多不同的操作系统类型,最常见的有 Windows、UNIX、Linux 等。Web 应用系统的最终用户究竟使用哪一种操作系统,取决于用户系统的配置,这样就可能会发生兼容性问题,同一个应用可能在某些操作系统下能正常运行,但在另外的操作系统下可能会运行失败。因此,在 Web 系统发布之前,需要在各种操作系统下对 Web 系统进行兼容性测试。

2. 浏览器测试

浏览器是 Web 客户端核心的构件,需要测试站点能否使用 Firefox、Internet Explorer 等浏览器进行浏览。来自不同厂商的浏览器对 Java、JavaScript、ActiveX 或不同的 HTML 规格有不同的支持,并且有些 HTML 命令或脚本只能在某些特定的浏览器上运行。

例如,ActiveX 是 Microsoft 的产品,是为 Internet Explorer 而设计的;JavaScript 是 Netscape 的产品;Java 是 Sun 的产品等。另外,框架和层次结构风格在不同的浏览器中也有不同的显示,甚至根本不显示。不同的浏览器对安全性和 Java 的设置也不一样。

测试浏览器兼容性的一个方法是创建一个兼容性矩阵。在这个矩阵中,测试不同厂商、不同版本的浏览器对某些构件和设置的适应性。

3. 打印机测试

用户可能会将网页打印下来。因此,网页在设计的时候要考虑到打印问题,注意节约纸张和油墨。有不少用户喜欢阅读而不是盯着屏幕,因此需要验证网页打印是否正常。有时在屏幕上显示的图片和文本的对齐方式可能与打印出来的东西不一样。测试人员至少需要验证订单确认页面打印是正常的。

4. 组合测试

最后需要进行组合测试。比如,600×800 像素的分辨率在 Mac 机器上可能没问题,但是在 IBM 兼容机上却显示效果很差。再比如,在 IBM 机器上使用 Netscape 能正常显示,但却无法使用 Lynx 来浏览。

5. 兼容性测试

兼容性测试是指待测试项目在特定的硬件平台上,不同的应用软件之间,在不同的操作系统平台上,在不同的网络环境中能正常运行的测试。兼容性测试主要是针对不同的操作系统平台、不同的浏览器以及不同的分辨率进行的测试。

11.6 数据库测试

1. 数据库测试的主要因素

数据库测试的主要因素有数据完整性、数据有效性和数据操作与更新。

数据完整性(Data Integrity)是指数据的精确性(Accuracy) 和可靠性(Reliability)。它是为防止数据库中存在不符合语义规定的数据和防止因错误信息的输入/输出造成无效操作或错误信息而提出的。数据完整性分为 4 类:即实体完整性(Entity Integrity)、域完整性(Domain Integrity)、参照完整性(Referential Integrity)、用户自定义完整性(User-defined Integrity)。如果数据库中存储有不正确的数据值,则该数据库称为已丧失数据完整性;若存储在数据库中的所有数据值均为正确的状态,则该数据库具备完整性。数据有效性是指对数据内容的限制,如数据的长度、数据类型、唯一值等相关规则的设定。

2. 数据库测试的相关问题

除了上面的数据库测试因素外,测试人员还需要了解的问题有:

(1) 数据库的设计概念;

(2) 数据库的风险评估;

(3) 了解设计中的安全控制机制;

(4) 了解哪些特定用户对数据库有访问权限;

(5) 了解数据的维护更新和升级过程;

(6) 当多个用户同时访问数据库并处理同一个问题或者并发查询时,确保可操作性;

(7) 确保数据库操作能够有足够的空间处理全部数据。当超出空间和内存容量时,能够启动系统扩展部分。

11.7 实例: Web 测试的测试用例考虑的因素

针对一个 Web 系统的功能测试,我们可以从下面这些测试要点去分析设计测试用例。

1. 页面检查

(1) 合理布局

界面布局有序、简洁,符合用户使用习惯;界面元素是否在水平或者垂直方向对齐;界面元素的尺寸是否合理;行列间距是否保持一致;是否恰当地利用窗体和控件的空白,以及分割线条;窗口切换、移动、改变大小时,界面显示是否正常;刷新后界面是否正常显示;不同分辨率的页面布局显示是否合理、整齐,不同分辨率的比较效果一般为: 1024×768 像素>1280×1024 像素>800×600 像素。

(2) 弹出窗口

弹出窗口应垂直居中对齐;如果弹出窗口界面内容较多,应提供自动全屏功能;弹出窗口时应禁用主界面,保证用户使用的焦点;确认活动窗体是否能够被反显加亮。

(3) 页面的正确性

确认界面元素是否有错别字,或者是否措辞含糊、逻辑混乱;当用户选中了页面中的一个复选框,之后回退一个页面,再前进一个页面,复选框是否还处于选中状态;导航显示是否正确;标题显示是否正确;页面显示有无乱码;必填控件是否有必填提醒;是否能适时禁用功能按钮(如无权限操作时按钮应设为灰色禁用或不显示);页面中应设有 JavaScript 错误;随意单击鼠标时是否会产生无法预料的结果;鼠标光标有多个形状时是否能够被窗体识别(如光标为漏斗状时表示窗体不接受输入)。

2. 控件检查

(1) 下拉列表框

查询时默认显示全部选项;禁用时选项设置为灰色。

(2) 复选框

多个复选框可以被同时选中或被部分选中,多个复选框也可以都不被选中。应能逐一执行每个复选框的功能。

(3) 单选按钮

一组单选按钮不能同时被选中,只能选中一个;一组执行同一功能的单选按钮在初始状态时必须有一个被默认选中。

(4) 下拉树

应支持多选与单选,禁用时设置为灰色。

(5) 树状

各层级用不同图标表示,最下层节点无加减号;提供全部收起、全部展开功能;如是否需要提供搜索与右键快捷菜单功能,并提供提示信息;展开时,内容刷新正常。

(6) 日历控件

同时支持选择年月日、年月日时分秒规则;打开日历控件时,默认显示当前日期。

（7）滚动条控件

滚动条的长度根据显示信息的长度或宽度应能及时变换，这样有利于用户了解显示信息的位置和百分比，比如，在 Word 中浏览 100 页文档，当浏览到 50 页时，滚动条位置应处于中间；拖动滚动条，检查屏幕刷新情况，并查看是否有乱码；单击滚动条时，确认页面信息是否正确显示；用滚轮控制滚动条时，确认页面信息是否正确显示；用滚动条的上下按钮时，确认页面信息是否正确显示。

（8）按钮

确认单击按钮是否正确响应操作。应对非法的输入或操作给出足够的提示说明；对可能造成数据无法恢复的操作必须给出确认信息，给用户放弃选择的机会。

3. 文本框

应能输入正常的字母和数字，输入已存在的文件名称，输入超长字符，输入默认值。若只允许输入字母，就不能输入数字；反之，就不能输入字母；利用复制、粘贴等操作强制输入程序不允许的输入数据，或输入特殊字符集（例如 NUL 及 \n 等），检查程序的反应；输入不符合格式的数据，检查程序是否正常校验，如程序要求输入年月日格式为 yy/mm/dd，实际输入数据的格式为 yyyy/mm/dd，程序应该给出错误提示。

4. 上传功能的检查

（1）上传/下载文件检查

确认上传/下载文件的功能是否实现，上传/下载的文件是否有格式、大小要求，是否屏蔽了 .exe 及 .bat 格式的文件。

（2）Enter 键的检查

在输入结束后直接按 Enter 键，检验系统是否会报错。这个地方很容易出现错误。

（3）刷新功能的检查

在 Web 系统中使用浏览器的刷新功能，检验系统是否会报错。

（4）回退键检查

在 Web 系统中使用浏览器的回退键，检验系统是否会报错。对于需要用户验证的系统，在退出登录后，使用回退键检验系统的反应；可多次使用回退键或多次使用前进键，检验系统如何处理。

（5）URL 链接的检查

在 Web 系统中直接输入各功能页面的 URL 地址，检验系统如何处理，对于需要用户验证的系统更为重要。如果系统安全性设计得不好，直接输入各功能页面的 URL 地址，很有可能会正常打开页面；确认无法上传资料时"上传"按钮是否有提示；确认是否支持图片上传；确认是否支持压缩包上传；若是图片，确认是否支持所有的格式（.jpeg、.jpg、.gif、.png等）；确认音频文件的格式是否支持（.mp3、.wav、.mid 等）；确认各种格式的视频文件是否支持；确认上传文件的大小有无限制，上传的时间用户是否能接受；确认是否支持批量上传；若在传输过程中网络中断时，确认页面显示的内容；选择文件后，如果要取消上传功能，确认是否有"删除"按钮；文件上传结束后，确认是否能回到原来的界面。

5. 添加功能检查

正确输入相关内容，包括必填项，单击"添加"按钮，记录是否可以成功添加；必填项内容不填、其他项正确输入，单击"添加"按钮，确认系统是否有相应的提示；内容项中输入空格，单击"添加"按钮,确认记录能否添加成功;内容项中输入系统中不允许出现的字符、单击"添加"按钮,确认系统是否有相应的提示;内容项中输入 HTML 脚本,单击"添加"按钮,确认记录能否添加成功;仅填写必填项,单击"添加"按钮,确认记录能否添加成功;添加记录失败时,确认原填写内容是否保存;确认新添加的记录是否排列在首行;重复提交相同记录,确认系统是否有相应提示。

6. 删除功能检查

选择任意一条记录并进行删除,确认能否删除成功;选择不连续的多条记录进行删除,确认能否删除成功;选择连续的多条记录进行删除,确认能否删除成功;确认能否进行批量删除操作;删除操作时,确认系统是否有确认删除的提示。

7. 查询功能检查

针对单个查询条件进行查询,确认系统能否查询出相关记录;针对多个查询条件进行组合查询,确认系统能否查询出相关记录;确认系统能否支持模糊查询;查询条件全部匹配时,确认系统能否查询出相关记录;查询条件全为空时,确认系统能否查询出相关记录;查询条件中进行模糊输入时,确认系统能否查询出相关记录;确认系统是否支持按 Enter 键的查询;确认系统是否设置了重置查询的功能。

11.8　本章小结

本章主要介绍了 Web 功能测试的内容、性能测试的概念和种类、安全性测试的内容和工具、Web 网站的可用性/可靠性测试、配置和兼容性测试和数据库测试等。基于 Web 的系统测试与传统的软件测试不同,它不但需要检查和验证是否按照设计所要求的项目正常运行,还要测试系统在不同用户的浏览器端的显示是否合适。另外,还要从最终用户的角度进行安全性和可用性测试。

11.9　练习题

1. 判断题

(1) 测试上传功能不需要考虑上传文件的大小。　　　　　　　　　　　　　(　　)

(2) 兼容测试只测试平台。　　　　　　　　　　　　　　　　　　　　　　(　　)

(3) 内容测试用来检测 Web 应用系统提供信息的正确性、准确性和相关性。　(　　)

(4) 导航描述了用户在一个页面内操作的方式,在不同的用户接口控制之间的操作。

　　　　　　　　　　　　　　　　　　　　　　　　　　　　　　　　　　(　　)

(5) 数据库测试的内容包含数据完整性、数据有效性以及数据操作和更新等方面。

　　　　　　　　　　　　　　　　　　　　　　　　　　　　　　　　　　(　　)

2. 选择题

(1) 页面内容测试用来检测 Web 应用系统提供信息的特性是(　　)。

　　A. 正确性　　　　　　B. 准确性　　　　　　C. 相关性　　　　　　D. 逻辑性

（2）导航测试属于的测试类型为（　　）。

　　A. 功能测试　　　　　　　　　　　　B. 性能测试

　　C. 可用性/可靠性测试　　　　　　　D. 压力测试

（3）Web 测试内容的一个主要类型是（　　）。

　　A. 图片　　　　　　B. 文字　　　　　　C. 链接　　　　　　D. 视频

（4）页面检查主要测试的内容是（　　）。

　　A. 合理布局　　　　B. 窗口　　　　　　C. 页面的正确性　　D. 视频

（5）Web 网站功能测试主要测试的内容是（　　）。

　　A. 页面内容　　　　B. 链接　　　　　　C. 表单　　　　　　D. Cookies

3. 简答题

（1）测试 360 网站首页应该考虑的因素有哪些？

（2）Web 网站图形用户界面测试应考虑哪些要素？

第 12 章   移动 APP 测试

 本章目标

- 掌握移动测试的概念和流程。
- 熟悉 APP 手动测试类型。
- 了解 APP 自动化测试框架。
- 了解 Appium 的基本应用。

随着移动应用技术的发展和智能移动终端的普及,各种新型软件及硬件产品不断出现,智能手机等移动设备已深入人们生活中的各个领域,成为人们不可缺少的现代化工具,但这同时也对移动软件的质量提出了更高的要求。随着移动软件的功能越来越丰富,对响应时间、资源利用率等性能方面的要求也越来越高;移动软件的安全性、可用性和易用性的要求也越来越重要。针对移动应用 APP 的测试就变得尤为重要。移动应用 APP 测试结合其特点,包括功能测试、兼容性测试、安全性测试、设备管理测试和易用性测试等多方面。

12.1   移动 APP 测试概述

12.1.1   移动 APP 测试的定义

APP(Application 的简称)即应用软件,通常是指 iPhone、安卓等手机应用软件。手机软件是一种特殊的软件,手机软件的运行需要有相应的手机系统,目前主流的手机系统有苹果公司的 iOS、谷歌公司的 Android(安卓)系统、塞班平台、微软平台等。针对手机软件的功能、性能、可靠性、易用性和安全性等方面的测试就属于移动 APP 测试。

根据手机 APP 安装来源的不同,APP 又可分为手机预装软件和用户自己安装的第三方应用软件。手机预装软件一般是指手机出厂自带,或第三方刷机渠道预装到消费者手机中且消费者无法自行删除的应用或软件。除了手机预装软件之外,还有用户从手机应用市场自己下载安装的第三方手机 APP 应用,下载类型主要集中在社交社区类软件,如一些手机软件安装包。

12.1.2   移动 APP 测试的特点

APP 的测试和传统测试相比,面临更多挑战。

1. APP 迭代速度快,测试时间少

现在的 APP 迭代速度非常快,通常一个月一个大版本,两周一个小版本,而开发人员水平参差不齐,基本上都是临近发布前才能提供可测试的版本,给测试人员留出的时间非常有限,这就直接导致测试人员可能无法对 APP 进行全面的测试,根本无法保证 APP 的质量,所以我们经常看到很多 APP 带着 bug 就上线了。

2. APP 测试的准确性和问题追踪难以保证

据统计,由于缺乏真实环境下的用户场景,APP 测试遗漏环节高达 20％～50％。由于测试人员本身不专业,同时缺乏通用的 APP 测试工具,导致很多 APP 发生了崩溃等严重问题时,测试人员很难提供给开发人员精准的崩溃日志,让开发者无法精确地定位问题和分析问题。

3. 手机机型分裂越来越严重,APP 兼容问题突出

目前安卓机型有几千款之多,加上各种操作系统版本、各种屏幕尺寸、各种厂家自定义 ROM,给 APP 带来了严重的兼容适配问题。而随着苹果发布新机的节奏在加快,以及 iOS 版本的不断更新,iOS 上的兼容适配问题也开始增多。APP 的测试人员没有时间、没有能力在所有机型上验证 APP 是否可以正常运行,大多数情况只能挑几个手头能找到的机型做简单的验证测试,就草草地进行发布上线,结果在最终用户手机上出现各种意想不到的适配问题。

移动 APP 测试前端与其他类型的应用软件测试相比有一定的复杂性,如移动 APP 支持多种手机平台和设备型号,会有不同的网络运营商以及用户体验相关的可用性等。如果把移动 APP 看成 3 层,可以分为后端(backend)、中间件(middleware)和前端(frontend)。针对不同的层次,相应的测试目标和测试类型都是不一样的。后端和中间件跟客户端程序或 Web 项目没有太大的区别,都是对服务器的安全性测试和性能测试等。

结合其特点,我们可以从下面这几个方面关注移动 APP 的测试。

(1)功能性测试:根据产品需求和设计文档编写测试用例,检验移动 APP 实现的功能。

(2)兼容性测试:考虑不同手机系统的兼容性、系统各版本的兼容性、手机分辨率的兼容性、网络的兼容性、APP 各版本的兼容性等。

(3)用户体验测试:即易用性测试,比如有触摸、缩放、分页、导航等。

(4)交叉事件测试:一个功能正在执行,要确认另一个事件或操作是否产生干扰,如 APP 运行与来电,文件下载,闹钟和低电量警报等关键运用的交互情况。

(5)性能测试:各种边界情况下验证 APP 的响应能力,如低电量、储存满、弱网等情况;验证各种情况下不同操作能否满足用户响应需求;反复长期操作下系统对资源的使用情况等。

(6)稳定性测试:包括 APP 是否稳定,有没有较多闪退。

(7)安全性测试:包括隐私泄露风险、输入数据有效性校验、数据加密、人机接口安全等。

(8)其他测试:通过工具对 APP 进行耗电量测试、手机流量测试等。

12.1.3　移动 APP 测试的流程

移动 APP 测试遵循基本的软件测试流程,包括测试需求分析、用例设计到缺陷提交等基本过程。移动 APP 测试流程如图 12-1 所示。

移动 APP 在代码层次上跟基本的单元测试一致,只是需要区分不同的开发平台,如

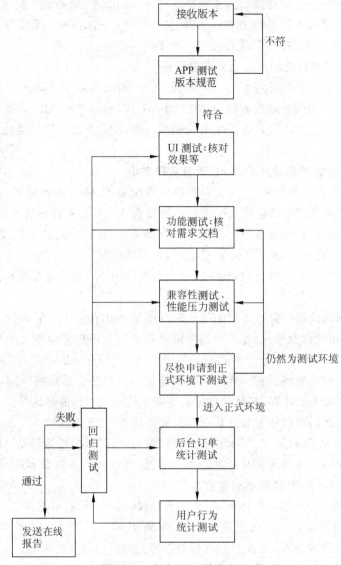

图 12-1　移动 APP 测试流程

Android APP 属于 Java 开发平台,可采用 JUnit、Jmock 等工具辅助完成测试,而 iOS APP 属于 Object C 开发的,可以借助 Apple Xcode 开发平台实现。当进行移动应用前端测试的时候,首先需要关注 UI(界面)测试。UI 测试的目标是确保用户界面会通过测试对象的功能来为用户提供相应的访问或浏览功能及确保用户界面符合公司或行业的标准。具体如菜单、对话框、窗口和其他可视控件的布局,风格是否满足客户要求,文字是否正确,页面是否美观,文字及图片组合是否完美,操作是否友好等。移动应用一般会用 Axure RP 做原型界面,所以可以作为 UI 测试的需求规范。然后需要从功能、性能、兼容性以及安全性等多方面做详尽的系统测试。在开发团队和测试团队完成内部测试后,采用小范围用户测试的方式可以在最小的成本下验证 APP 对目标用户的接受程度,需要做好用户反馈收集的渠道,调查问卷、APP 中加入吐槽反馈功能、用户交流群都是常用的收集反馈的渠道。

在 APP 上线后,我们还需要特别关注用户真实环境下 APP 的问题,因为用户真实环境比较复杂,用户行为不可预知,导致再完美的测试也不能保证 APP 没有 bug。APP 上线后的质量监控尤为重要,这时就需要使用质量监控工具第一时间掌握 APP 在用户一方真实发生的各种崩溃、闪退等问题。目前市面上已经有不少专门解决质量监控的工具可以供开发者使用,如友盟就在其 SDK 中集成了错误捕捉的功能,而对崩溃定位要求较高的开发者也可以使用 Testin 的崩溃分析 SDK,实时收集 APP 在不同环境下的产品体验,从网络、版本、渠道、运营商、设备 5 个维度深入分析用户的使用情况,帮助开发者快速定位并解决崩溃、闪退、异常等问题,优化 APP 性能,提高 APP 的用户体验和质量,降低用户流失率。

12.2　移动 APP 手动测试

12.2.1　APP 功能测试

APP 功能测试一般是团队内部人员执行,通常进行的都是黑盒测试。目前,研发团队逐渐通过执行用例测试的方式来完成 APP 基本功能的测试。用例测试的意义在于使得测试有针对性和目标,测试点可以量化,测试行为可以控制。APP 的用例测试是从传统软件测试继承下来的,会考虑测试覆盖率、缺陷覆盖率和执行的效率等方面的影响。具体的测试用例设计方法包括等价类划分法、边界值分析法、错误推测法、因果图法、判定表驱动法、正交试验设计法、功能图法、场景法等。APP 功能测试主要是根据需求文档编写测试用例覆盖全部的功能点,对照需求文档逐一完成验证。这类工作通常都是纯手工进行的,测试者需要维护好 APP 的测试用例。随着 APP 的功能迭代不断更新 APP 的测试用例,并定期进行全用例测试,保证用例覆盖度,以确保 APP 的每个功能点的正确运行。

APP 功能测试除了基本的功能验证外,还需要考虑移动设备的特性。如现代移动设备都有触摸屏,用多点触控动作与移动设备互动。设备可以是纵向或横向显示屏,能提供动作、倾斜和螺旋传感器。它们有不同的接口可以连接其他设备或服务,比如 GPS、NFC、照相机、LED 等。移动软件测试员必须确保 APP 的所有特定设备功能在 APP 里都能用。APP 功能测试还可以具体考虑以下方面:APP 安装完成后,是否可以正常打开并稳定运行;APP 的速度是否可以让人接受,切换是否流畅;网络异常时,应用是否会崩溃;位置权限开启时,APP 可定位到当前位置;首次启动 APP 询问是否同意启用权限;APP 取消版本更新时,老版本可以正常使用;APP 更新后版本号应有更新;APP 更新后新增功能和老功能可正常使用;3G、4G、Wi-Fi 网络环境下应用的各功能是否可正常运行;网络异常时,数据交换失败是否会有提醒功能;有网到无网再到有网环境时,数据是否可以自动恢复并正常加载;没有内存空间时,APP 能否正确响应;反复操作某个功能(一般是比较重要的功能),不断单击和刷新,是否会出现闪退;APP 运行时是否可以接入电话、短信、微信或其他消息。

12.2.2　APP 安装卸载测试

APP 的安装和卸载也是一个测试重点,因为 APP 的安装或卸载一旦出错,就直接影响用户对系统的使用。安装和卸载测试主要关注以下几个方面:应用是否可以正常安装(命令行安装;豌豆荚/手机助手等第三方软件安装;apk/ipa 安装包安装);应用是否可以在不同系统、不同版本、不同机型上进行安装(有的系统版本过低,应用不能适配);安装过程中是否能暂停,再次单击后是否能继续安装;安装空间不足时如何表现,是否有相应提示,提示是否友好;安装过程中断网或网络不稳定的情况下,是否有相应提示,以及网络恢复后是否能继续安装;是否可以正常删除应用程序(桌面删除,第三方软件删除,命令行删除);应用程序卸载后所有的安装文件夹是否全部删除;卸载过程中出现死机、断电、重启等意外的情况时,待环境恢复后是否可以继续正常卸载;卸载是否支持取消功能,取消后软件卸载情况是否正常等。

12.2.3　APP 用户体验测试

当前智能手机影响到人们生活及工作的方方面面,用户对于 APP 应用的评价是产品评价的重要方面,因此,移动 APP 测试需要特别关注用户体验测试。在遵循软件的直观性、一致性、灵活性、舒适性、正确性和实用性等前提下,用户界面设计是否合理、美观、易用等,跟使用的用户有直接的关系。可以用下面 3 种方法进行有效的用户体验测试。

1. 按用户分类进行测试

可以将用户按照性别、年龄、学历、职业等多方面进行分类,也可以分为入门用户、中级用户、专家用户等。然后针对不同类型的用户进行分享,识别不同用户的操作行为,从而将收集的信息运用到软件设计中。也可以从每个用户类别中选一些代表来参与测试,让他们提供反馈,从而获得产品是否易用、好用的信息。

2. A/B 测试

A/B 测试是不同方案比较分析的一种统一的习惯叫法,不仅局限于两套方案的比较,可以有更多的方案比较。可以把软件产品 UI 设计中某些抉择让用户来判断,如让一部分用户使用 A 方案的设计,一部分用户使用 B 方案的设计,然后通过收集用户操作的数据并进行分析,可以判断哪种方案更适合用户。

3. 众测

众测(Crowd Testing)是借助一个开放的平台,将测试任务发布到这个平台上,这个平台的用户自愿领取任务来完成测试。这类测试能真正反映用户的真实需求和期望,更适合进行用户体验测试,特别适合移动应用的测试。

12.3　移动 APP 自动化测试

目前 APP 的功能测试中,每个代码变化或新功能都可能影响到现存功能及它们的状态,通常手动回归测试时间不够,所以测试员不得不找一个工具去进行自动化回归测试。自动化测试通过编写自动化测试脚本来执行测试,减少人员的重复劳动,提高整个测试的效率。移动 APP 自动化测试分为 UI 自动化、接口自动化、性能自动化、安全自动化。现在市面上有很多移动测试自动化工具,有商业的,也有开源的,还有面向各个不同平台的。APP 的自动化测试框架比较多,比如 Robotium、Expresso 等,很多大公司甚至都会有自己的一套自动化测试框架。

12.3.1　自动化测试框架概述

- Appium：这是一个开源的、跨平台的自动化测试工具，支持 iOS、Android 和 Firefox OS 平台。通过 Appium，开发者无须重新编译 APP 或者做任何调整，就可以测试移动应用，可以使测试代码访问后端 API 和数据库。它是通过驱动苹果的 UIAutomation 和 Android 的 UIAutomator 框架来实现的双平台支持，同时绑定了 Selenium WebDriver 用于以前的 Android 平台测试。开发者可以使用 WebDriver 兼容的任何语言编写测试脚本，如 Java、JavaScript、PHP、Python、Ruby、C♯ 和 Perl 语言等。

- Monkey：这是 Android SDK 自带的测试工具，在测试过程中会向系统发送伪随机的用户事件流，如按键输入、触摸屏输入、手势输入等，实现对正在开发的应用程序进行压力测试，也有日志输出。实际上该工具只能对程序做一些压力测试，由于测试事件和数据都是随机的，不能自定义，所以有很大的局限性。

- MonkeyRunner：这也是 Android SDK 提供的测试工具。严格意义上说，MonkeyRunner 其实是一个 API 工具包，比 Monkey 功能强大，可以编写测试脚本来自定义数据、事件。它的缺点是用 Python 来写脚本，对测试人员来说要求较高，有比较大的学习成本。

- Instrumentation：这是早期 Google 提供的 Android 自动化测试工具类，虽然在那时 JUnit 也可以对 Android 进行测试，但是 Instrumentation 允许用户对应用程序做更为复杂的测试，甚至是框架层面的。通过 Instrumentation 可以模拟按键按下或抬起、单击或滚动屏幕等事件。Instrumentation 是通过将主程序和测试程序运行在同一个进程中来实现这些功能。可以把 Instrumentation 看成一个类似 Activity 或者 Service 并且不带界面的组件，在程序运行期间监控你的主程序。它的缺点是对测试人员编写代码的能力要求较高，需要对 Android 相关知识有一定了解，还需要配置 AndroidManifest.xml 文件，且不能跨多个 APP。

- Android UIAutomator：这也是 Android 提供的自动化测试框架，基本上支持所有的 Android 事件操作。对比 Instrumentation，它不需要测试人员了解代码的实现细节（可以用 UIAutomatorviewer 抓取 APP 页面上的控件属性而不看源代码）。UIAutomator 基于 Java，测试代码结构简单，编写容易，学习成本低；一次编译，所有设备或模拟器都能运行测试，能跨 APP（比如很多 APP 可以选择相册或打开相机拍照，这就是跨 APP 测试）。它的缺点是只支持 SDK 16（Android 4.1）及以上，不支持 Hybird App、Web App。

- Espresso：这是 Google 的开源自动化测试框架。相对于 Robotium 和 UIAutomator，它的特点是规模更小、更简洁，API 更加精确，编写测试代码简单，容易快速上手。因为是基于 Instrumentation 的，所以不能跨 APP，可以配合 Android Studio 来编写测试的简单例子。

- Selendroid：这也是基于 Instrumentation 的测试框架，可以测试 Native APP、Hybird APP、Web APP，但是网上资料较少，社区活跃度也不高。

- Robotium：这是基于 Instrumentation 的测试框架，目前国内外用得比较多，资料也比较多,社区比较活跃。它的缺点是要求测试人员要有一定的 Java 基础,了解 Android 基本组件;不能跨 APP。

- Athrun:这是淘宝上用的一个移动测试框架/平台,同时支持 iOS 和 Android。Android 部分也是基于 Instrumentation,在 Android 原有的 ActivityInstrumentation-TestCase 2 类的基础上进行了扩展,提供一整套面向对象的 API。

- 苹果 UIAutomation:这是苹果提供的 UI 自动化测试框架,使用 JavaScript 编写。基于 UIAutomation 有扩展型的工具框架和驱动型的框架。扩展型框架以 JavaScript 扩展库方法提供了很多好用的 JavaScript 工具,注入式的框架通常会提供一些库或者是框架,要求测试人员在待测的代码中导入这些内容,框架可以通过它们完成对 APP 的驱动。驱动型 UIAutomation 在自动化测试底层使用了 UIAutomation 库,通过 TCP 通信的方式驱动 UIAutomation 来完成自动化测试,通过这种方式,编写脚本的语言不再局限于 JavaScript。

- Frank:这是 iOS 平台一款非常受欢迎的 APP 测试框架,它使用 Cucumber 语言来编写测试用例。Frank 包含一个强大的 APP 检查器——Symbiote,可以用它来获得运行中 APP 的详细信息,便于开发者将来进行测试回顾。它允许使用 Cucumber 编写结构化英语句子的测试场景。Frank 要求测试时在应用程序内部编译,这意味着对源代码的改变是强制性的。它的操作方式为使用 Cucumber 和 JSON 组合命令,将命令发送到在本地应用程序内部运行的服务器上,并利用 UISpec 运行命令。Frank 在社区的活跃度高,具有功能强大的 Symbiote 实时检查工具。它的缺点是对手势的支持有限,在设备上运行测试有点难,修改配置文件需要在实际设备上运行,记录功能不可用。

总的来说,移动 APP 的自动化测试框架种类繁多,需要结合自身情况选择合适的自动化测试框架进行测试,甚至也可以自己开发适合项目的自动化测试框架。

12.3.2　自动化测试工具——Appium

Appium 是最近比较热门的框架,在社区中也很活跃,下面重点介绍这个工具的基本用法。

1. 什么是 Appium

Appium 是 Sauce Labs 公司的一个移动测试框架,该公司专注于 Web 移动设备和桌面应用的自动化测试,为企业开发者提供 Web 应用测试平台。

2. Appium 的优缺点

(1) Appium 的优点

Appium 同时封装了 UIAutomator 和 Instrumentation,所以 Appium 拥有了以上几大框架的所有优点。

① 开源。

② 用 Appium 可以进行自动化测试,不需要重新编译 APP。

③ 支持 Native APP、Hybird APP、Web APP。

④ 支持 Android iOS、Firefox OS。服务器也是跨平台的,可以使用 Mac OS X、Windows 或者 Linux。

⑤ 支持多种语言来编写测试脚本,比如有 Java、JavaScript、PHP、Python、C♯、Ruby 等主流语言。

⑥ 不需要为了进行自动化测试来重造相关方法等,因为扩展了 WebDriver(WebDriver 是测试 Web APP 的一种简单、快速的自动化测试框架,所以有 Web 自动化测试经验的测试人员可以直接上手)。

(2) Appium 的相关限制

如果在 Windows 下使用 Appium,则没法使用预编译专用于 OS X 的 APP 文件,因为 Appium 依赖 OS X 专用的库来支持 iOS 测试,所以在 Windows 平台不能测试 iOS APP。这意味着只能在 Mac 上运行 iOS 测试。

3. Appium 的设计理念

采用客户端/服务器架构,运行的时候服务器端会监听客户端发过来的命令,并翻译这些命令,然后发送给移动设备或模拟器,移动设备或模拟器则会做出相应的反应。正是因为这种架构,所以客户端可以使用多种语言的测试脚本,而且服务器端完全可以部署在服务器甚至云服务器上。

另外,每个客户端连接到服务器以后都会有一个 Session ID,而且客户端发送命令到服务器端都需要这个 Session ID,因为这个 Session ID 代表了已经打开的浏览器或者是移动设备的模拟器。所以,可以打开若干个 Session 来同时测试不同的设备或模拟器。

4. Appium 服务器端的简单安装

Appium 支持 Mac、Windows 和 Linux。

(1) 安装 Node.js。Mac 中推荐使用 Homebrew,Windows 中可以直接官网下载。Windows 用户要把安装路径添加到环境变量中以便于以后使用。

(2) 安装 Git。

(3) 安装 JDK,并设置 JAVA_HOME 环境变量。

(4) 安装 Android SDK,并设置 ANDROID_HOME 环境变量。为 SDK 下的 tools 和 platform-tools 也设置环境变量。

(5) 安装 Appium 服务器。Windows 和 Mac 下都有如下两种安装方式。

① 使用命令行安装: $ npm install -g appium $ appium & 。

② 直接下载 GUI 桌面应用。

5. Appium 服务器的配置和使用

下面以 Mac 下的 Appium GUI 的配置和使用为例进行说明(Windows 下的 Appium GUI 的配置和使用可以参考官网文档)。

(1) 打开 Appium,单击 Doctor 按钮。可以检测相关安装项是否成功安装,如图 12-2 所示。

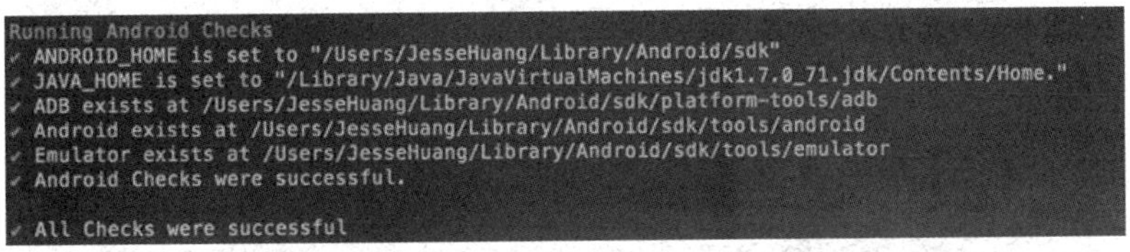

图 12-2　Appium 的安装

175

（2）单击 Android 图标的配置，选择要测试的 APK 包。一旦选择好 APK 包，则 Package 和 Launch Activity 会在下拉列表框中显示出来。Appium 不需要 APK 源代码，这样可减少与开发人员的沟通成本。选择 APK 包的效果如图 12-3 所示。

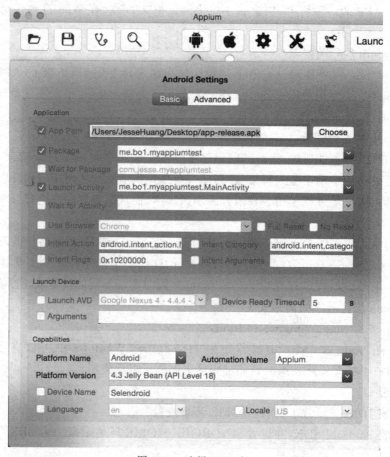

图 12-3　选择 APK 包

（3）配置 Advanced 中的 SDK 路径和 Keystore 信息（其实可以不配置 Keystore 相关项也可以测试 APK 包，但是 Keystore 相关项的验证测试也是非常重要的），如图 12-4 所示。

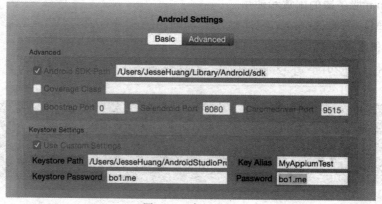

图 12-4　高级设置

（4）其他选项可以暂时都用默认值，然后运行 Launch，运行后的相关信息和错误日志都会直接显示出来，如图 12-5 所示。

图 12-5　运行 Launch

至此，Appium Server 就成功启动了。

6. Appium 客户端的配置

Appium 客户端的安装可以用 Maven 来构建。Maven 的配置代码如下：

```
<dependency>
    <groupId>io.appium</groupId>
    <artifactId>java-client</artifactId>
    <version>2.1.0</version>
</dependency>
```

或者直接下载.jar 包并添加到测试项目中。

12.4　实例：Appium 测试

（1）上述环境设置好后，启动 AVD，如图 12-6 所示。

（2）然后编写测试程序。使用 ADT 安装好 Maven 插件，创建一个 Maven 项目，添加一个文件夹 apps 用来存放被测的 APP，这里测试的是 ContactManager.apk，如图 12-7 所示。

（3）在 pom.xml 中添加如下代码。

```
<dependencies>
    <dependency>
        <groupId>JUnit</groupId>
```

图 12-6　启动 AVD

图 12-7　编写测试程序

```
        <artifactId>JUnit</artifactId>
        <version>4.11</version>
        <scope>test</scope>
    </dependency>
    <dependency>
        <groupId>org.seleniumhq.selenium</groupId>
        <artifactId>selenium-java</artifactId>
        <version>LATEST</version>
        <scope>test</scope>
    </dependency>
</dependencies>
```

（4）编写 AndroidContactsTest 文件。

```
package com.guowen.appiumdemo;
import org.JUnit.After;
import org.JUnit.Before;
import org.JUnit.Test;
import org.openqa.selenium.*;
import org.openqa.selenium.interactions.HasTouchScreen;
import org.openqa.selenium.interactions.TouchScreen;
import org.openqa.selenium.remote.CapabilityType;
```

```
import org.openqa.selenium.remote.DesiredCapabilities;
import org.openqa.selenium.remote.RemoteTouchScreen;
import org.openqa.selenium.remote.RemoteWebDriver;
import java.io.File;
import java.net.URL;
import java.util.List;

public class AndroidContactsTest {
    private WebDriver driver;
    @Before
    public void setUp() throws Exception {
        //set up appium
        File classpathRoot =new File(System.getProperty("user.dir"));
        File appDir =new File(classpathRoot, "apps/ContactManager");
        File app =new File(appDir, "ContactManager.apk");
        DesiredCapabilities capabilities =new DesiredCapabilities();
        capabilities.setCapability("device","Android");
        capabilities.setCapability(CapabilityType.BROWSER_NAME, "");
        capabilities.setCapability(CapabilityType.VERSION, "4.4");
        capabilities.setCapability(CapabilityType.PLATFORM, "WINDOWS");
        capabilities.setCapability("app", app.getAbsolutePath());
        capabilities.setCapability("app-package", "com.example.android.
        contactmanager");
        capabilities.setCapability("app-activity", ".ContactManager");
        driver =new SwipeableWebDriver(new URL("http://127.0.0.1:4723/wd/
            hub"), capabilities);
    }
    @After
    public void tearDown() throws Exception {
        driver.quit();
    }
    @Test
    public void addContact(){
        WebElement el =driver.findElement(By.name("Add Contact"));
        el.click();
        List<WebElement>textFieldsList =driver.findElements(By.tagName
            ("textfield"));
        textFieldsList.get(0).sendKeys("Some Name");
        textFieldsList.get(2).sendKeys("Some@example.com");
        driver.findElement(By.name("Save")).click();
    }

    public class SwipeableWebDriver extends RemoteWebDriver implements
        HasTouchScreen {
        private RemoteTouchScreen touch;
```

```
public SwipeableWebDriver(URL remoteAddress, Capabilities
    desiredCapabilities) {
    super(remoteAddress, desiredCapabilities);
    touch = new RemoteTouchScreen(getExecuteMethod());
}
public TouchScreen getTouch() {
    return touch;
}
}
}
```

（5）运行 Test，注意 AVD 里的 Android 如果没有解锁则需要先解锁，这时候可以看到 AVD 在运行，同时 Appium 的命令行有对应的输出，如图 12-8 所示。

图 12-8　Appium 的输出

12.5　本章小结

本章主要介绍了移动 APP 测试的特点、测试流程、手动测试类型以及相关自动化测试框架。在对测试框架和测试移动 APP 体验与质量要求越来越高的今天,我们需要更加重视 APP 的测试,将测试集成到整个开发流程中,同时多采用各类测试工具或服务,进一步提高开发效率和保证 APP 质量。

12.6　练习题

1. 判断题

(1) Appium 只支持 Java 来编写测试脚本。　　　　　　　　　　　　　　　　(　　)

(2) 移动 APP 测试需要重点关注用户体验测试。　　　　　　　　　　　　　　(　　)

(3) 移动 APP 的性能测试主要包括 3 个部分: Web 前端的性能测试、移动后台服务器性能测试以及移动 APP 端 Native 性能测试。　　　　　　　　　　　　　　　　(　　)

(4) 移动 APP 测试不需要进行安装和卸载测试。　　　　　　　　　　　　　　(　　)

(5) Monkey 可以对 APP 做压力测试。　　　　　　　　　　　　　　　　　　(　　)

2. 选择题

(1) 下列不是移动 APP 测试的自动化测试框架的是(　　　)。

　　A. MonkeyRunner　　　　　　　　　　B. Appium

　　C. UIAutomator　　　　　　　　　　　D. Selenium

(2) 不属于自动化测试金字塔模式的层次的是(　　　)。

　　A. 集成测试　　　　　　　　　　　　B. 单元测试

　　C. API 测试　　　　　　　　　　　　D. UI 测试

(3) 下列关于正确选择自动化测试工具的说法中错误的是(　　　)。

　　A. 选择适合自己公司项目的自动测试工具,可以从测试工具的功能、集成能力、操作系统和开发工具的兼容性等几个方面来考虑

　　B. 引入工具时不需要考虑工具引入的连续性和一致性

　　C. 尽量选择主流测试工具

　　D. 如果需要多种工具,尽量选择同一公司的产品

(4) 下列关于移动 APP 测试的说法中,错误的是(　　　)。

　　A. 移动 APP 测试不仅需要考虑 Wi-Fi,还需要考虑不同的网络信号

　　B. 移动 APP 测试只需要考虑 Android 和 iOS 这两种主流平台

　　C. 需要通过专门的工具对 APP 进行耗电量测试

　　D. APP 的 UI 测试需要关注事件、按钮、菜单、对话框、工具条等基本的界面元素

（5）下列关于 Appium 的描述正确的是（　　）。

    A. Appium 自动化测试需要重新编译 APP

    B. Appium 服务器只支持 Linux 平台

    C. Appium 同时封装了 UIAutomator 和 Instrumentation

    D. Appium 主要用来对移动 APP 做性能测试

3. 简答题

（1）APP 测试和 Web 测试有哪些不同之处？

（2）简述如何对一个 APP 做测试。

第 13 章　嵌入式软件测试

 本章目标

- 掌握嵌入式软件测试的概念和特点。
- 熟悉嵌入式软件测试策略。
- 了解嵌入式软件测试工具。
- 了解嵌入式软件。

进入 20 世纪 90 年代以来,以计算机技术、通信技术和软件技术为核心的信息技术取得了更加迅猛的发展,各种装备与设备上嵌入式计算与系统的广泛应用大大地推动了行业的渗透性应用。嵌入式系统被描述为:"以应用为中心,软件硬件可裁剪的,适应应用系统对功能、可靠性、成本、体积、功耗等严格综合性要求的专用计算机系统。"嵌入式系统由嵌入式硬件和嵌入式软件两部分组成。硬件是支撑,软件是灵魂,几乎所有的嵌入式产品中都需要嵌入式软件来提供灵活多样而且应用特制的功能。由于嵌入式系统应用广泛,嵌入式软件在整个软件产业中占据了重要地位,并受到世界各国的广泛关注,如今已成为信息产业中最为耀眼的"明星"之一。

13.1　嵌入式软件测试概述

13.1.1　嵌入式软件概述

随着软硬件技术的发展,嵌入式系统在生产、生活乃至军工的各个领域应用都日渐广泛,功能也越来越强大,但设备和软件也日趋复杂。嵌入式系统是指用于执行独立功能的专用计算机系统,它由包括微处理器、定时器、微控制器、存储器、传感器等一系列微电子芯片与器件,和嵌入在存储器中的微型操作系统、控制应用软件组成,共同实现诸如实时控制、监视、管理、移动计算、数据处理等各种自动化处理任务。

嵌入式系统具备下列特点:高度分散,结构和处理器种类多;操作系统内核小、资源少;实时性、可靠性和安全性;软硬件结合紧密;有专门的环境和开发工具;体积小、重量轻等。

嵌入式软件就是基于嵌入式系统设计的软件,它也是计算机软件的一种,同样由程序及文档组成,可细分成系统软件、支撑软件、应用软件 3 类,是嵌入式系统的重要组成部分。嵌入式软件广泛应用于国防、工控、家用、商用、办公、医疗等领域,如我们常见的移动电话、掌上电脑、数码相机、机顶盒、MP3 等都是用嵌入式软件技术对传统产品进行智能化改造的结果。

嵌入式软件具备如下的特点。

(1) 嵌入式软件具有独特的实用性。嵌入式软件是为嵌入式系统服务的,这就要求它与外部硬件和设备联系紧密。嵌入式系统以应用为中心。嵌入式软件是应用系统,根据应用需求定向开发,面向产业,面向市场,需要特定的行业经验。每种嵌入式软件都有自己独特的应用环境和实用价值。

(2) 嵌入式软件应有灵活的适用性。嵌入式软件通常可以认为是一种模块化软件,它能非常方便灵活地运用到各种嵌入式系统中,而不能破坏或更改原有的系统特性和功能。首先它要小巧,不能占用大量资源;其次它要使用灵活,应尽量优化配置,减小对系统的整体继承性,升级更换灵活方便。

(3) 嵌入式软件一般采用更低层的语言编写。考虑到速度和性能的要求,以及物理设备尺寸和内存空间的限制,嵌入式软件的实现仍然要求把空间紧凑和尽量节省运行时间作为追求的目标,所以在有些情况下必须采用汇编语言编制。这种语言结构化程度低,规范化程度低,程序不易理解、不易维护、自身可靠性差。

13.1.2 嵌入式软件测试的定义

结合嵌入式软件的特点,使用专门的测试方法和工具对嵌入式软件进行的测试就是嵌入式软件测试,有时也称为交叉测试(Cross-test)。嵌入式软件测试的目的与非嵌入式软件是相同的,其主要目的就是保证软件满足需求规格说明。嵌入式软件测试集中于单元测试、集成测试、系统测试和软/硬件集成测试。软/硬件集成测试阶段是嵌入式软件所特有的,目的是验证嵌入式软件与其所控制的硬件设备能否正确地交互。由于嵌入式系统自身的特点,如实时性(Real-timing),内存不丰富,I/O 通道少,开发工具昂贵,并且与硬件紧密相关、CPU 种类繁多等。嵌入式软件的开发和测试也就与一般商用软件的开发和测试策略有了很大的不同,可以说嵌入式软件是最难测试的一种软件。

嵌入式软件测试与普通软件测试相比,有其自身的特点。

(1) 嵌入式软件测试是在特定的硬件环境下才能运行的软件。

(2) 嵌入式软件测试除了要保证嵌入式软件在特定环境下运行的高可靠性外,还要保证嵌入式软件系统的实时性。

(3) 嵌入式软件产品为了满足高可靠性的要求,不允许内存在运行时有泄漏等情况发生,因此,嵌入式软件测试除了对软件进行性能测试、GUI 测试、覆盖分析测试是同普通软件测试一样都不可或缺之外,还要对内存进行测试。

(4) 嵌入式产品不同于一般软件产品,在嵌入式软件和硬件集成测试完成之后,并不代表测试全部完成,在第一件嵌入式产品生产出来之后,还需对其进行产品测试。

(5) 嵌入式软件测试的最终目的是使嵌入式产品在能够满足所有功能的同时能安全可靠地进行。

嵌入式软件测试的测试环境主要有两种:目标环境测试和宿主环境测试。①目标环境测试:基于目标的测试全面有效,但是消耗较多的经费和时间。②宿主环境测试:基于宿主的测试代价较小,但是有些环境要求高的功能和性能宿主机无法模拟,测试无法实现。

目前的趋势是把更多的测试转移到宿主环境中进行,但是宿主环境测试无法检测的复杂和独特功能可以使用目标环境测试。在宿主环境中,可以进行逻辑或界面的测试、其他非实时测试以及与硬件无关的测试。在模拟或宿主环境中的测试消耗时间通常相对较少,用调试工具可以更快地完成调试和测试任务。而与定时问题有关的白盒测试、中断测试、硬件接口测试只能在目标环境中进行。

13.1.3　嵌入式软件测试与非嵌入式软件测试的区别

嵌入式软件系统是一种针对特殊任务、特殊环境而进行特殊设计的定制产品,有其专门的开发环境、软/硬件紧密结合、严格的实时要求等特点,这就使得嵌入式软件的开发和测试与普通软件的开发和测试策略有了很大的不同。嵌入式软件测和普通软件测试的对象相同,包括软件中所有的内容,贯穿软件定义与开发的整个过程。也就是说,需求分析、概要设计、详细设计、程序编码等各阶段所得到的文档及源程序都应当称为软件测试的对象。但嵌入式软件对可靠性的要求比普通软件高,这就要求对嵌入式软件进行严格的测试、确认和验证,以提高产品的可靠性。

1. 嵌入式软件测试的各个阶段测试的环境是不一样的

嵌入式软件开发和运行的环境是分开的,嵌入式软件开发环境往往是交叉开发环境,因此,各个阶段测试的环境是不一样的。所有的单元测试都可以在宿主机环境下进行,只有个别情况下会特别指定单元测试要直接在目标机环境下进行。软件集成也可以在宿主机环境下完成,在宿主机平台上模拟目标环境运行。低级别的软件集成在宿主机平台上完成有很大的优势,级别越高,集成越依于目标环境。所有的系统测试和确认测试必须在目标机环境下执行。

2. 嵌入式软件测试复杂多样

嵌入式系统的一个突出特点是专用性,即一个嵌入式系统只进行特定的一项或几项工作,嵌入式软件运行的平台都是为进行这些工作而开发出来的专用硬件电路,它们的体系结构、硬件电路甚至所用的元器件都是不一样的,所以嵌入式软件运行的平台也是复杂多样的。

由于开发平台的复杂多样性,使得嵌入式软件的测试从测试环境的建立到测试用例的编写也是复杂多样的。与不同的开发平台对应的嵌入式软件是肯定不相同的。嵌入式软件测试在一定程度上并不只是对嵌入式软件的测试,很多情况下是对嵌入式软件在开发平台中同硬件的兼容性测试。因此,对任何一套嵌入式软件系统,都需要有其自己的测试,创建其自己的测试环境,并编写其自己的测试用例。

3. 嵌入式软件测试中对实时性有严格要求

由于嵌入式系统的实时性,决定了嵌入式系统的运行时间也是受严格限制的。嵌入式软件在测试时应当充分考虑系统实时响应的问题,很多嵌入式系统会要求系统的响应时间应在多少毫秒之内。在测试有严格响应时间要求的嵌入式系统时要做负载测试。

4. 嵌入式软件测试需要进行插桩测试

嵌入式软件最终的测试需要在目标机平台上进行,在对目标机进行测试时,我们需要对在宿主机上编译通过的代码进行插桩处理。插桩完成之后,需要重新对代码进行编译,如果编译通过,就可以将编译好的代码下载到目标机上执行。在目标机执行程序的时候,需要将插桩时预测好的数据返回到宿主机上,因此,宿主机和目标机上要有能够相互传递数据的网线或者串口线,宿主机上同时要有能够处理返回数据的处理程序或软件。

5. 嵌入式软件对系统的可靠性和安全性要求比一般的软件系统高

因为嵌入式软件对系统的可靠性和安全性要求比一般的软件系统高,所以还需要进行系统的可靠性测试。对于不同的嵌入式系统,需要制定相应的符合系统需求的可靠级别,在进行可靠性测试时应该将系统的可靠性级别考虑进去。

一些嵌入式系统,比如工厂车间的某些控制系统,它们要在电磁很强的恶劣环境下可靠地工作,而且要保证操作人员的安全。但是对于手机软件来说,它的可靠性和安全性就不如工厂车间的车床控制系统要求高。

13.1.4　嵌入式软件测试的策略

结合嵌入式软件的特点,嵌入式软件测试区别于一般软件的测试,需要采取有效的测试和工具进行测试。嵌入式软件测试面临的问题如下。

(1) 嵌入式软件几乎都要涉及专用计算机外部设备,而有些嵌入式软件的运行平台甚至没有通常的外部设备,这就导致在测试过程中很难进行检测和观察。

(2) 嵌入式软件的实时性要求使输出仅在某个有限的时间内有效,并且必须在这个时间段内生效。例如,飞机控制必须快速对飞行器的姿态变化做出反应以保证飞行的稳定性。

(3) 一般的测试技术和测试工具的实施缺乏基本条件。许多测试工具应用到基于低层语言编写的程序上有许多困难甚至不能支持。

(4) 不能把所有测试都放在目标平台上进行。有些目标环境比起主机平台环境通常是不精密和不方便的,甚至是不可行的;提供给开发者的目标环境和联合开发环境通常是很昂贵的;开发和测试工作可能会妨碍目标环境已存在的持续的应用等。

(5) 基于消息系统测试的复杂性,包括线程、任务、子系统之间的交互、并发、容错和对时间的要求;测试软件功能依赖不需要编码的硬件功能,快速定位软/硬件错误困难;强壮性测试、可知性测试很难编码实现;实施测试自动化技术困难。

基于上述嵌入式软件测试的问题,我们可以根据不同测试阶段制定相关的策略。

1. 单元测试阶段

所有单元级测试都可以在主机环境上进行,除非少数情况,特别具体指定了单元测试直接在目标环境下进行。最大化在主机环境下进行软件测试的比例,通过尽可能小的目标单元访问所有目标指定的界面。

在主机平台上运行测试速度比在目标平台上快得多,当在主机平台上完成测试,可以在目标环境上重复进行简单的确认测试,确认测试结果在主机和目标机上没有受到不同影响。在目标环境上进行确认测试将确定一些未知的、未预料到的、未说明的主机与目标机的不同。例如,目标编译器可能有 bug,但在主机编译器上没有。

2. 集成测试

软件集成也可以在主机环境上完成,在主机平台上模拟目标环境运行。当然在目标环境上重复测试也是必需的,在此级别上的确认测试将确定一些环境上的问题,比如内存定位和分配上的一些错误。

在主机环境上的集成测试的使用,依赖于目标系统的具体功能有多少。有些嵌入式系统与目标环境耦合得非常紧密,若在主机环境下做集成是不切实际的。一个大型软件的开发可以分几个级别的集成。低级别的软件集成在主机平台上完成有很大的优势,越往后的集成越依赖于目标环境。

3. 系统测试和确认测试

所有的系统测试和确认测试必须在目标环境下执行。当然在主机上开发和执行系统测试,然后再移植到目标环境重复执行是很方便的。对目标系统的依赖性会妨碍将主机环境上的系统测试移植到目标系统上,况且只有少数开发者会卷入系统测试,所以有时放弃在主机环境上执行系统测试可能更方便。

确认测试最终的实施舞台必须在目标环境中,系统的确认必须在真实系统之下测试,而不能在主机环境下模拟,这关系到嵌入式软件的最终使用。

13.2　嵌入式软件测试的工具

在嵌入式系统设计中,软件正越来越多地取代硬件,以降低系统的成本,获得更大的灵活性,这就需要使用更好的软件测试方法和软件测试工具进行嵌入式和实时软件测试。用于辅助嵌入式软件测试的工具很多,下面对几类比较有用的有关嵌入式软件的测试工具加以介绍和分析。

1. 内存分析工具

在嵌入式系统中,内存约束通常是有限的。内存分析工具用来处理在动态内存分配中存在的缺陷。当动态内存被错误地分配后,通常难以再现,可能导致的失效难以追踪,使用内存分析工具可以避免这类缺陷进入功能测试阶段。目前有两类内存分析工具——软件的和硬件的。基于软件的内存分析工具可能会对代码的性能造成很大影响,从而严重影响实时操作;基于硬件的内存分析工具价格昂贵,而且只能在工具所限定的运行环境中使用。

如 IBM 的 Rational PurifyPlus,它是帮助开发人员查明 C/C++、.NET、Java 和 Visual Basic 6 代码中的性能和可靠性错误的一款内存分析工具。PurifyPlus 将内存错误和泄漏检测、应用程序性能描述、代码覆盖分析等功能组合在一个单一、完整的工具包中。

2. 性能分析工具

在嵌入式系统中,程序的性能通常是非常重要的。经常会有这样的要求,在特定的时间内处理一个中断,或生成具有特定定时要求的一帧。开发人员面临的问题是决定应该对哪一部分代码进行优化来改进性能,常常会花大量的时间去优化那些对性能没有任何影响的代码。性能分析工具会提供有关的数据,说明执行时间是如何消耗的,是什么时候消耗的,以及每个例程所用的时间。根据这些数据,确定哪些例程会消耗大部分执行时间,从而可以决定如何优化软件,获得更好的时间性能。对于大多数应用来说,大部分执行时间用在相对少量的代码上,费时的代码估计占所有软件总量的 $5\%\sim20\%$。性能分析工具不仅能指出哪些例程花费时间,而且与调试工具联合使用可以引导开发人员查看需要优化的特定函数,性能分析工具还可以引导开发人员发现在系统调用中存在的错误以及程序结构上的缺陷。

3. GUI 测试工具

很多嵌入式应用带有某种形式的图形用户界面进行交互,有些系统性能测试是根据用户输入响应时间进行的。GUI 测试工具可以作为脚本工具在开发环境中运行测试用例,其功能包括对操作的记录和回放、抓取屏幕显示供以后分析和比较、设置和管理测试过程。很多嵌入式设备没有 GUI,但常常可以对嵌入式设备进行插装来运行 GUI 测试脚本。虽然这种方式可能要求对被测代码进行更改,但却节省了功能测试和回归测试的时间。

如 Abbot 是一个基于 GUI 的简单的 Java 测试框架,它能够帮助开发者测试 Java 用户界面。它提供事件自动生成和验证 Java GUI 组件,使用户能够轻松地启动、探索和控制应用程序。开发者可以通过脚本和编译代码两种方式来使用 Abbot 框架。

4. 覆盖分析工具

在进行白盒测试时,可以使用代码覆盖分析工具追踪哪些代码被执行过。分析过程可以通过插装来完成,插装可以是在测试环境中嵌入硬件,也可以是在可执行代码中加入软件,还可以是二者相结合。测试人员对结果数据加以总结,确定哪些代码被执行过,哪些代码被遗漏了。覆盖分析工具一般会提供有关功能覆盖、分支覆盖、条件覆盖的信息。对于嵌入式软件来说,代码覆盖分析工具可能侵入代码的执行,影响实时代码的运行过程。基于硬件的代码覆盖分析工具的侵入程度要小一些,且价格一般比较昂贵,因而会限制被测代码的数量。

如 BullseyeCoverage 是 Bllseye 公司提供的一款 C/C++ 代码覆盖率测试工具。相对于 Rational 公司的 Pure Coverage,BullseyeCoverage 支持的 C/C++ 编译器更多,除了支持各种 UNIX 下的编译器之外,在 Windows 下还支持 Visual C++、Borland C++、GNU C++ 和 Intel C++。其提供的代码覆盖率是基于条件/判断的分支覆盖率,而不是一般的代码行覆盖率。Buuseye Coverage 采用的是先对代码进行插装,然后收集覆盖数据,最后分析覆盖率原理的技术。其工作原理是:针对不同的编译器,设计一个和真实编译器名字相同的拦截器,这些拦截器文件存放在 BullseyeCoverage 的 bin 目录下。当覆盖编译开关打开时,文件在编译过程中将首先被这些拦截器所拦截,而不是由真实的编译器去编译源代码。在这个拦截过程中,拦截器将一系列探针代码插入到 C/C++ 源代码中,然后文件再次通过真实的编译器生成二进制代码。当覆盖编译开关关闭时,这些拦截器将直接调用真实的编译器而不进行代码插装的过程。

5. 其他嵌入式测试工具

ATTOLTestware 是 ATTOLTestware 公司的自动生成测试代码的软件测试工具,特别适用于嵌入式实时应用软件单元和通信系统测试,在法国市场具有领先地位。

CodeTest 是 AppliedMicrosystems Corp 公司的产品,是应用广泛的嵌入式软件在线测试工具。它是专为嵌入式系统软件测试而设计的工具套件,为追踪嵌入式应用程序、分析软件性能、测试软件的覆盖率以及存储体的动态分配等提供了一个实时在线的高效率解决方案。

LogiScope 是 TeleLogic 公司的工具套件,用于代码分析、软件测试、覆盖测试。

LynxInsure++ 是 LynxReal-TimeSystems 公司的产品,基于 LynxOS 应用的代码检查和分析测试工具。

MessageMaster 是 Elvior 公司的产品,是一款测试嵌入式软件系统的工具,向环境提供基于消息的接口。

VectorCast 是 VectorSoftware 公司的产品,由 6 个集成的部件组成,自动生成测试代码,为主机和嵌入式环境构造可执行的测试框架。

13.3 实例: 嵌入式软件测试分析

13.3.1 自动驾驶仪

自动驾驶仪系统基于微处理器,从 4 个开关采集离散的模式信息,同时从 6 组 3 冗余的传感器采集高度、方向和速度,每个传感器返回一个 16 位数据值。自动驾驶仪指挥 5 个控制面板上的操纵器来维持水平飞行和方向,2 个操纵器来控制发动机推力。每个操纵器位置由一个 16 位控制值设定。飞行器通过图形可以观察显示 4 种状态,飞行员可以通过键盘输入指令。自动驾驶仪必须实时操作。因为它必须及时调整飞机对所需的飞行路线的偏离,每隔 100ms 计算出这种偏离,并以同样的频率设置多个操纵器的值。自动驾驶仪结构如图 13-1 所示。

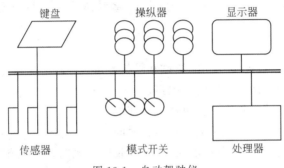

图 13-1 自动驾驶仪

该系统是由几个并发操作的部分构成的嵌入式系统,会在与目标机不同的机器上开发;系统必须满足"死线"要求;系统必须驱动图形设备接收键盘输入;系统从几个传感器中接收输入并发送到几个操纵器中;系统设计应该遵循好的设计原则,比如信息隐蔽、模块化等。

13.3.2 嵌入式测试分析的实施

结合上述系统的特点,我们可以从下面几个方面简单地分析一下如何进行嵌入式测试。

1. 宿主机资源

(1) 需要在线存储器以用于测试输入、预期结果、测试驱动器、实用软件(如编译器和目标指令模拟器)以及所有相关文档。

(2) 在单元测试中使用测试驱动器。

(3) 第二类测试支持软件用于组装测试。

(4) 第三类测试支持软件用于系统测试。

(5) 为了测试系统,需要飞机的动力学模型,这样可以产生真实传感器的值,并且操纵器动作对传感器的作用能够预标出来。

这类模型有的在模拟设备上建立,有的在数字设备上建立。计算机上实时运行的飞机动力学模型是十分复杂的,需要投入大量的人员开发,这对嵌入式(系统)软件开发工作而言是经常会遇到的。处理飞机飞行动力学模型,系统测试还需要模式切换源和键盘输入源用于自动测试过程。

2. 单元测试

(1) 用数据转换单元将传感器特定的数据转换为内部的、独立于硬件的数据值。

(2) 用操纵命令转换单元将硬件无关的操纵命令转换为操纵命令并发送到操纵器硬件中。

(3) 用失效检查单元进行失效检查和 3 个备份的冗余传感器的冗余管理。

(4) 将传感器值转换为工程值的单元,并在温度和湿度变化时进行传感器校准及补偿。

(5) 把高级图形命令转换为低级命令并发送到显示器硬件中。

3. 集成测试

(1) 集成测试主要发现接口问题。

(2) 合理的测试集会包含的测试用例为:从预期值(包括噪声)范围内随机产生原始传感器值;由所有传感器失效模式系统地产生失效;系统地产生运行温度;系统地产生校准数据队列。

4. 系统测试

(1) 系统过于复杂,仅能采用功能测试和随机测试。

(2) 应该尽量用硬件探针收集时间数据。

(3) 完整的系统测试集包含几百个仿真功能的运行。

(4) 从预期产生时间范围随机地选择运行时间。

(5) 随机产生风模型,覆盖预期的风速,阵风长度和风向系统地和随机地产生传感器失效阵列。

(6) 系统地和随机地产生离散开关的设置。

(7) 系统地和随机地产生飞行员输入队列,这种输入可以在预定时间产生,也可以随机产生。

(8) 系统测试应该是可重复的,这样测试在显示驱动器移去后也能工作,从而可以方便地检查输出。

13.4　本章小结

本章主要介绍了嵌入式软件的概念和基本特点、嵌入式软件测试的特点和测试策略、嵌入式测试工具的分类和主流的工具,并简单分析了自动驾驶仪的嵌入式软件测试。大多数软件测试方法都可以直接或间接地用于嵌入式软件的测试,但是由于操作系统的实时和嵌入式特性,嵌入式软件测试也面临着一些特殊的问题。虽然目前已经有一些针对嵌入式软件的测试和调试工具,但是在有些方面仍存在不足,包括许多任务操作系统的并发、非侵入式的测试和调试、嵌入式系统的软件抽象等。对于嵌入式软件测试技术的研究及测试工具的开发,仍须进一步做很多工作。

13.5　练习题

1. 判断题

(1) 嵌入式软件测试对软/硬件环境没有特殊要求。　　　　　　　　(　)

(2) 嵌入式系统是指用于执行独立功能的专用计算机系统。　　　　(　)

(3) 嵌入式软件一般采用面向对象的语言编写。　　　　　　　　　(　)

(4) 嵌入式软件测试与非嵌入式软件测试没有本质的区别。　　　　(　)

(5) 嵌入式软件对系统的可靠性和安全性要求比一般的软件系统高。(　)

2. 选择题

(1) 下面不符合嵌入式操作系统特点的选项是(　 　)。

　　A. 实时性　　　　　B. 不可定制　　　　　C. 微型化　　　　　D. 易移植

(2) 嵌入式软件测试的测试环境主要有(　 　)。

　　A. 目标环境测试　　B. 软件环境测试　　C. 宿主环境测试　　D. 硬件环境测试

(3) 下面不是嵌入式操作系统的特点的选项是(　 　)。

　　A. 内核精简　　　　B. 专用性强　　　　C. 功能强大　　　　D. 高实时性

(4) 嵌入式系统应用软件一般在宿主机上开发,在目标机上运行,因此,需要的环境是(　 　)。

　　A. 正确的　　　　　B. 交叉编译　　　　C. 一般的编译　　　D. 以上都不对

(5) 嵌入式操作系统解决代码体积和嵌入式应用多样性问题的手段一般为(　 　)。

　　A. 使用可定制的操作系统

　　B. 将操作系统分布在多个处理器上运行

　　C. 增大嵌入式系统存储设备的存储容量

　　D. 使用压缩软件对操作系统进行压缩

3. 简答题

(1) 简述嵌入式软件测试与普通软件测试的区别。

(2) 简述对 IP 电话交换机(复杂嵌入式系统软件)如何做嵌入式软件测试。

第 14 章　面向对象的软件测试

 本章目标

- 了解面向对象的特点。
- 熟悉面向对象软件测试的基本概念。
- 掌握面向对象软件测试的内容。
- 掌握面向对象软件测试的模型及方法。
- 了解面向对象软件测试的工具。

　　面向对象方法(Object-Oriented Method)是一种把面向对象的思想应用于软件开发过程中,指导开发活动的系统方法,是建立在"对象"概念基础上的方法学。面向对象方法作为一种新型的独具优越性的新方法正在逐渐代替被广泛使用的面向过程开发方法,被看成是解决软件危机的新兴技术。面向对象技术可以产生更好的系统结构,更规范的编程风格,极大地优化了数据使用的安全性,提高了程序代码的重用,一些人就此认为面向对象技术开发出的程序无须进行测试。

14.1　面向对象的特点

　　我们生活在一个对象的世界里,每个对象有一定的属性,把属性相同的对象进行归纳就形成类,如家具就可以看作类,其主要的属性有价格、尺寸、重量、位置和颜色等,无论我们谈论桌子、椅子还是沙发、衣橱,这些属性总是可用的,因为它们都是家具,从而继承了为类定义的所有属性。实际上,计算机软件所创建的面向对象思想同样来源于生活。

　　除了属性之外,每个对象可以被一系列不同的方式操纵,它可以被买卖、移动、修改(如涂上不同的颜色)。这些操作或方法将改变对象的一个或多个属性。这样所有对类的合法操作可以和对象的定义联系在一起,并且被类的所有实例继承。我们可以用下面这个等式来描述什么是面向对象:

$$面向对象=对象+分类+继承+通信$$

　　面向对象技术是目前流行的系统设计开发技术,它包括面向对象分析和面向对象程序设计。面向对象程序设计技术的提出,主要是为了解决传统程序设计方法——结构化程序设计所不能解决的代码重用问题。

1. 面向对象的编程方法具有的基本特征

　　(1) 抽象。抽象就是忽略一个主题中与当前目标无关的那些方面,以便更充分地注意与当前目标有关的方面。抽象并不打算了解全部问题,而只是选择其中的一部分,暂时不用部分细节。比如,我们要设计一个学生成绩管理系统,考查学生这个对象时,我们只关心他的班级、学号、成绩等,而不用去关心他的身高、体重这些信息。抽象包括两个方面,一是过程抽象,二是数据抽象。过程抽象是指任何一个明确定义功能的操作都会被使用者当作单个的实体看待,尽管这个操作实际上可能由一系列更低级的操作来完成。数据抽象定义了数据类型和施加于该类型对象上的操作,并限定了对象的值只能通过使用这些操作修改和观察。

(2) 继承。继承允许和鼓励类的重用,它提供了一种明确表述共性的方法。对象的一个新类可以从现有的类中派生,这个过程称为类继承。新类继承了原始类的特性。新类称为原始类的派生类(子类),而原始类称为新类的基类(父类)。派生类可以从它的基类那里继承方法和实例变量,并且类可以修改或增加新的方法使之更适合特殊的需要,这也体现了大自然中一般与特殊的关系。继承性很好地解决了软件的可重用性问题。比如,所有的Windows 应用程序都有一个窗口,它们可以看作都是从一个窗口类派生出来的。但是有的应用程序用于文字处理,有的应用程序用于绘图,这是由于派生出了不同的子类,各个子类添加了不同的特性。

(3) 封装。封装是面向对象的特征之一,是对象和类概念的主要特性。封装是把过程和数据包围起来,对数据的访问只能通过已定义的界面。面向对象计算始于这个基本概念,即现实世界可以被描绘成一系列完全自治、封装的对象,这些对象通过一个受保护的接口访问其他对象。一旦定义了一个对象的特性,则有必要决定这些特性的可见性,即哪些特性对外部世界是可见的,哪些特性用于表示内部状态。通常,应禁止直接访问一个对象的实际表示,而应通过操作接口访问对象,这称为信息隐藏。事实上,信息隐藏是用户对封装性的认识,封装则为信息隐藏提供支持。封装保证了模块具有较好的独立性,使得程序维护修改较为容易。对应用程序的修改仅限于类的内部,因而可以将应用程序修改带来的影响减小到最低限度。

(4) 多态性。多态性是指允许不同类的对象对同一消息做出响应。比如同样的加法,把两个时间加在一起和把两个整数加在一起肯定完全不同。又比如,同样的选择"粘贴"操作,在字处理程序和绘图程序中有不同的效果。多态性包括参数化多态性和包含多态性。多态性语言具有灵活、抽象、行为共享、代码共享的优势,很好地解决了应用程序函数同名的问题。

2. 面向对象程序设计的优点

(1) 可重用性。对象的产生从一开始就是为了重复利用,完成的对象将在今后的程序开发中被部分或全部地重复利用。

(2) 可靠性。由于面向对象的应用程序包含了通过测试的标准部分,因此更加可靠。由于大量代码来源于成熟可靠的类库,因而新开发程序的新增代码明显减少,这是程序可靠性提高的一个重要原因。

(3) 连续性。具有面向对象特点的 C++ 与 C 语言有很大的兼容性,C 程序员可以比较容易地过渡到 C++ 语言开发工作。

14.2　面向对象开发对软件测试的影响

从编程语言看,面向对象编程特点对测试产生了如下影响。

封装把数据及对数据的操作封装在一起,限制了对象属性对外的透明性和外界对它的操作权限,在某种程度上避免了对数据的非法操作,有效防止了故障的扩散;但同时,封装机制也给测试数据的生成、测试路径的选取以及测试结构的分析带来了困难。

继承实现了共享父类中定义的数据和操作,同时也可以定义新的特征。子类是在新的环境中存在,所以父类的正确性不能保证子类的正确性,继承使代码的重用率得到了提高,但同时也使故障的传播概率增加。

多态和动态绑定增加了系统运行中可能的执行路径,而且给面向对象软件带来了严重的不确定性,给测试覆盖率的活动带来新的困难。

另外,面向对象的开发过程以及分析和设计方法也对测试产生了影响:分析、设计和编码实现密切相关,分析模型可以映射为设计模型,设计模型又可以映射为代码。

因此,分析阶段开始测试,提炼后可用于设计阶段;设计阶段的测试提炼后又可用于实现阶段的测试。

14.3　面向对象软件测试的基本概念

面向对象程序的结构不再是传统的功能模块结构,作为一个整体,原有集成测试所要求的逐步将开发的模块搭建在一起进行测试的方法已变得不可能。而且面向对象软件抛弃了传统的开发模式,对每个开发阶段都有不同以往的要求和结果,已经不可能用功能细化的观点来检测面向对象分析和设计的结果。因此,传统的测试模型对面向对象软件已经不再适用。针对面向对象软件的开发特点,应该有一种新的测试模型。

传统测试模式与面向对象的测试模式最主要的区别在于,面向对象的测试更关注对象而不是完成输入/输出的单一功能,这样测试可以在分析与设计阶段就先行介入,使得测试更好地配合软件生产过程并为之服务。

与传统测试模式相比,面向对象测试的优点在于:更早地定义出测试用例;早期介入可以降低成本;尽早地编写系统测试用例以便于开发人员与测试人员对系统需求的理解保持一致;面向对象的测试模式更注重于软件的实质。

两者具体有如下不同。

1. 测试的对象不同

传统软件测试的对象是面向过程的软件,一般用结构化方法构建;面向对象测试的对象是面向对象软件,采用面向对象的概念和原则,用面向对象的方法构建。

2. 测试的基本单位不同

传统软件测试是以单元模块为测试单元;面向对象测试的基本单元是类和对象。

3. 测试的方法和策略不同

传统软件测试采用白盒测试、黑盒测试、路径覆盖等方法；面向对象测试不仅吸纳了传统测试方法，也采用各种类测试等方法，而且集成测试和系统测试的方法与策略也不相同。

现代的软件开发工程是将整个软件开发过程明确地划分为几个阶段，将复杂问题具体按阶段加以解决，这样在软件的整个开发过程中，可以对每一阶段提出若干明确的监控点，作为各阶段目标实现的检验标准，从而提高开发过程的可见度和保证开发过程的正确性。实践证明，软件的质量不仅体现在程序的正确性上，它和编码以前所做的需求分析、软件设计也密切相关，这时对错误的纠正往往不能通过可能会诱发更多错误的简单的修修补补，而必须追溯到软件开发的最初阶段。因此，为了保证软件的质量，应该着眼于整个软件生存期，特别是着眼于编码以前的各开发阶段的工作，于是，软件测试的概念和实施范围必须扩充，应该涵盖整个开发各阶段的复查、评估和检测。因此，广义的软件测试实际上是由确认、验证、测试 3 个方面组成。

(1) 确认：评估将要开发的软件产品是否是正确无误、可行和有价值的。比如，将要开发的软件是否会满足用户提出的要求，是否能在将来的实际使用环境中正确稳定地运行，是否存在隐患等。这里包含了对用户需求满足程度的评价。确认意味着确保一个待开发软件是正确无误的，是对软件开发构想的检测。

(2) 验证：检测软件开发的每个阶段、每个步骤的结果是否正确无误，是否与软件开发各阶段的要求或期望的结果相一致。验证意味着确保软件是否会正确无误地实现软件的需求，开发过程是否沿着正确的方向在进行。

(3) 测试：与狭隘的测试概念统一，通常经过单元测试、集成测试、系统测试 3 个环节。

在整个软件生存期，确认、验证、测试分别有其侧重的阶段。确认主要体现在计划阶段、需求分析阶段，也会出现在测试阶段；验证主要体现在设计阶段和编码阶段；测试主要体现在编码阶段和测试阶段。事实上，确认、验证、测试是相辅相成的。确认无疑会产生验证和测试的标准，而验证和测试通常又会帮助测试人员完成一些确认，特别是在系统测试阶段。

14.4　面向对象软件测试的内容

1. 对象

对象是指包含了一组属性以及对这些属性操作的封装体。对象是软件开发期间测试的直接目标。在程序运行时，对象被创建、修改、访问或删除，而在运行期间，对象的行为是否符合它的规格说明，该对象与和它相关的对象能否协同工作，这两方面都是面向对象软件测试所关注的焦点。从测试的角度看，关于对象的关注点具体如下。

- 对象的封装：封装使得已定义的对象容易识别，在系统中容易传递，也容易操纵。
- 对象隐藏了信息：这使得对象信息的改变有时很难被观察到，也加大了检查测试结果的难度。
- 对象的状态：对象在生命期中总是处于某个状态，对象状态的多变可能会导致不正常的行为。

- 对象的生命周期:在对象生命周期的不同阶段,要从各个方面检测对象的状态是否符合其生命周期。例如,过早地创建一个对象或过早地删除一个对象,都是造成软件故障的原因。

2. 消息

消息是执行对象某个操作的一种请求,包含操作的名称、实参。当然接收者也可返回值给发送者。从测试的角度看,消息有如下特点。

- 消息有发送者:发送者决定何时发送消息,并且可能做出错误的决定。
- 消息有接收者:接收者可能接收到非预期的特定消息,可能会做出不正确的反应。
- 消息可能包含实参:参数能被接收者使用或修改。若传递的参数是对象,则对象在消息处理前和处理后必须处于正确的状态,而且必须实现接收者所期望的接口。

3. 接口

接口是行为声明的集合,从测试角度看,接口具有如下特点。

- 接口封装了操作的说明,如果接口包含的行为和类的行为不相符,那么对这一接口的说明就不是令人满意的。
- 接口不是孤立的,与其他的接口和类有一定的关系,一个接口可以指定一个行为的参数类型,使得实现该接口的类可被当作一个参数传递。

当对一个操作进行说明时,可以使用保护性方法或约束性方法来定义发送者和接收者之间的接口。约束性方法强调前置条件,也包含简单的后置条件。发送者必须保证前置条件得到满足,接收者就会响应在后置条件或类中描述的请求。保护性方法强调的则是后置条件,请求的结果状态通常由一些返回值指示,返回值和每一个可能的结果联系在一起。

从测试的角度看,约束性方法简化了类的测试,但使得交互测试更加复杂,因为必须保证任何发送者都能满足前置条件。保护性方法使得类的测试变得复杂(发送者必须知道所有可能的结果),交互测试也更复杂(必须保证产生了所有可能的输出,并且发送者能够获得这些输出)。

4. 类及类规范

类是具有相同属性和相同行为的对象的集合。类从规范和实现两个方面来描述对象。在类规范中,定义了类的每个对象能做什么;在类实现中,定义了类的每个对象如何做它们能做的事情。

类规范包括对每个操作的语义说明,包括前置条件、后置条件和不变量。前置条件是当操作执行之前应该满足的条件;后置条件是当操作执行结束之后必须保持的条件;不变量描述了在对象的生命周期中必须保持的条件类的实现以及对象如何表现它的属性,如何执行操作。

类的实现主要包括实例变量、方法集、构造函数和析构函数、私有操作集。类测试是面向对象测试过程中最重要的一个测试,在类测试过程中要保证测试那些具有代表性的操作。从测试角度出发需要考虑如下几个方面。

- 类的规范中包含用来构造实例的一些操作,这些操作也可能导致新实例无法正确地初始化。
- 类在定义自己的行为和属性时,依赖于其他协作的类。例如,类的成员变量可能是其他类的实例,或者类中方法的参数是其他类的实例。如果类定义中使用了包含不正确实现的其他类,就会使类发生错误。

- 类的实现必须满足类本身的说明,但并不保证说明的正确性。
- 类的实现也可能不支持所有要求的操作,或者执行一些错误的操作。
- 类需要指定每个操作的前置条件。在发送消息之前,它也可能不提供检查前置条件的方法。

5. 继承

继承是类之间的联系,允许新类可以在一个已有的基础上进行定义。继承实现了共享父类中定义的数据和操作,同时也可以定义新的特征。子类是在新的环境中存在,所以父类的正确性不能保证子类的正确性。继承使代码的重用率得到了提高,但同时也使故障的传播概率增加。从测试角度看,继承具有如下特点。

- 继承提供了一种机制,潜在的错误会从基类传递到其派生类,因此类测试中要尽早消除错误。
- 子类继承了父类的说明和实现,因此可重复使用相同的测试方法。
- 设计模型时,检查是否合理地使用了继承。使用继承实现代码的复用,可能会增加代码维护的难度。

6. 多态

多态是指同一个操作作用于不同的对象可以有不同的解释,产生不同的执行结果。与多态密切相关的一个概念就是动态绑定。动态绑定是指在程序运行过程中,当一个对象发送消息请求服务时,要根据接收对象的具体情况将请求的操作与实现的方法进行连接,即把这种连接推迟到运行时才进行。从测试角度看,多态具有如下特点。

- 多态允许通过增加类来扩展系统,而无须修改已有类,但在扩展中可能出现意料之外的交互关系。
- 多态允许任何操作都能够包括类型不确定的参数,这就增加了应该测试的实参的种类。
- 多态允许操作指定动态引用返回的响应,因为实际引用的类可能是不正确的,或者不是发送者所期望的。

14.5　面向对象的测试模型及方法

和传统测试模型类似,面向对象软件的测试遵循在软件开发各过程中不间断测试的思想,使开发阶段的测试与编码完成后的一系列测试融为一体。在开发的每一阶段进行不同级别、不同类型的测试,从而形成一条完整的测试链。根据面向对象的开发模型,结合传统的测试步骤的划分,形成了一种整个软件开发过程中不断进行测试的测试模型,使开发阶段的测试与编码完成后的单元测试、集成测试、系统测试成为一个整体。面向对象的开发模型突破了传统的瀑布模型,将开发分为面向对象分析(OOA)、面向对象设计(OOD)和面向对象编程(OOP)3个阶段。分析阶段产生整个问题空间的抽象描述,在此基础上,进一步归纳出适用于面向对象编程语言的类和类结构,最后形成代码。由于面向对象的特点,采用这种开发模型能有效地将分析设计的文本或图表代码化,不断适应用户需求的变动。针对这种开发模型,结合传统的测试步骤的划分,建议采用整个软件开发过程中不断测试的测试模型,使开发阶段的测试与编码完成后的单元测试、集成测试、系统测试成为一个整体。

测试模型如图 14-1 所示。

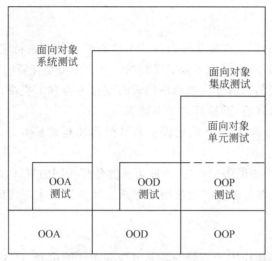

图 14-1　面向对象测试模型

OOA 测试和 OOD 测试是对分析结果和设计结果的测试,主要是对分析设计产生的文本,是软件开发前期的关键性测试。OOP 测试主要针对编程风格和程序代码的实现进行测试,其主要的测试内容在面向对象单元测试和面向对象集成测试中体现。面向对象单元测试是对程序内部具体单一的功能模块的测试;如果程序是用 C++ 语言实现,主要就是对类成员函数进行测试。面向对象单元测试是进行面向对象集成测试的基础。面向对象集成测试主要是对系统内部的相互服务进行测试,如成员函数间的相互作用,类间的消息传递等。面向对象集成测试不但要基于面向对象单元测试,而且要参见 OOD 或 OOD 测试结果。面向对象系统测试是基于面向对象集成测试的最后阶段的测试,主要以用户需求为测试标准,需要借鉴 OOA 或 OOA 测试结果。

尽管上述各阶段的测试构成一个相互作用的整体,但其测试的主体、方向和方法各有不同,且为叙述的方便,本文接下来将从 OOA、OOD、OOP、单元测试、集成测试、系统测试 6 个方面分别介绍对面向对象软件的测试。

14.5.1　面向对象分析的测试

传统的面向过程分析是一个功能分解的过程,是把一个系统看成可以分解的功能的集合。这种传统的功能分解分析法的着眼点在于一个系统需要什么样的信息处理方法和过程,以过程的抽象来对待系统的需要。而面向对象分析(OOA)是把 E-R 图和语义网络模型,即信息造型中的概念,与面向对象程序设计语言中的重要概念结合在一起而形成的分析方法,最后通常是得到问题空间的图表的形式描述。

OOA 直接映射问题空间,全面地将问题空间中实现功能的现实抽象化。将问题空间中的实例抽象为对象(不同于 C++ 中的对象概念),用对象的结构反映问题空间的复杂实例和复杂关系,用属性和服务表示实例的特性与行为。对一个系统而言,与传统分析方法产生的结果相反,行为是相对稳定的,结构是相对不稳定的,这更充分反映了现实的特性。OOA 的结果是为后面阶段类的选定和实现,以及类层次结构的组织和实现提供平台。因此,OOA 对问题空间分析抽象的不完整,最终会影响软件的功能实现,导致软件开发后期会有大量的修补工作;而一些冗余的对象或结构会影响类的选定、程序的整体结构或增加程序员不必要的工作量。因此,OOA 测试的重点在于其完整性和冗余性。

尽管 OOA 的测试是一个不可分割的系统过程,为叙述的方便,对 OOA 阶段的测试划分为如下 5 个方面。

- 对认定的对象的测试。
- 对认定的结构的测试。
- 对认定的主题的测试。
- 对定义的属性和实例关联的测试。
- 对定义的服务和消息关联的测试。

1. 对认定对象的测试

OOA 测试中认定的对象是对问题空间中的结构、其他系统、设备、被记忆的事件、系统涉及的人员等实际实例的抽象。对它的测试可以从如下方面考虑。

- 认定的对象是否全面;问题空间中所有涉及的实例是否都反映在认定的抽象对象中;认定的对象是否具有多个属性;只有一个属性的对象通常应看成其他对象的属性,而不是抽象为独立的对象。
- 对认定为同一对象的实例是否有区别于其他实例的共同属性。
- 对认定为同一对象的实例是否提供或需要相同的服务;如果服务随着不同的实例而变化,认定的对象就需要分解或利用继承性来分类表示。
- 如果系统没有必要始终保持对象代表的实例信息,提供或者得到关于它的服务、认定的对象也没有必要。
- 认定的对象的名称应该尽量准确、适用。

2. 对认定结构的测试

在 Coad()方法中,认定的结构指的是多种对象的组织方式,用来反映问题空间中的复杂实例和复杂关系。认定的结构分为两种:分类结构和组装结构。分类结构体现了问题空间中实例的一般与特殊的关系,组装结构体现了问题空间中实例整体与局部的关系。

(1) 对认定的分类结构的测试

对认定的分类结构的测试可以从如下方面着手。

- 对于结构中的一种对象,尤其是处于高层的对象,是否在问题空间中含有不同于下一层对象的特殊可能性,即是否能派生出下一层对象。
- 对于结构中的一种对象,尤其是处于同一低层的对象,是否能抽象出在现实中有意义的更一般的上层对象。
- 对所有认定的对象,是否能在问题空间内向上层抽象出在现实中有意义的对象。
- 高层的对象的特性是否完全体现下层的共性。
- 低层的对象是否有高层特性基础上的特殊性。

（2）对认定的组装结构的测试

对认定的组装结构的测试可以从如下方面入手。

- 整体(对象)和部件(对象)的组装关系是否符合现实的关系。
- 整体(对象)的部件(对象)是否在考虑的问题空间中有实际应用。
- 整体(对象)中是否遗漏了反映在问题空间中有用的部件(对象)。
- 部件(对象)是否能够在问题空间中组装新的有现实意义的整体(对象)。

3. 对认定的主题的测试

主题是在对象和结构的基础上更高一层的抽象,是为了提供 OOA 分析结果的可见性,如同文章对各部分内容的概述。对主题层的测试应该考虑以下方面。

- 贯彻 George Miller 的 7+2 原则,如果主题个数超过 7 个,就要求对有较密切属性和服务的主题进行归类。
- 主题所反映的一组对象和结构是否具有相同与相近的属性和服务。
- 认定的主题是否是对象和结构更高层的抽象,是否便于理解 OOA 结果的概貌(尤其是对非技术人员的 OOA 结果读者)。
- 主题间的消息联系(抽象)是否代表了主题所反映的对象和结构之间的所有关联。

4. 对定义的属性和实例关联的测试

属性是用来描述对象或结构所反映的实例的特性。而实例关联是反映实例集合间的映射关系。对属性和实例关联的测试可以从如下方面考虑。

- 定义的属性是否对相应的对象和分类结构的每个现实实例都适用。
- 定义的属性在现实世界是否与这种实例关系密切。
- 定义的属性在问题空间是否与这种实例关系密切。
- 定义的属性是否能够不依赖于其他属性被独立理解。
- 定义的属性在分类结构中的位置是否恰当,低层对象的共有属性是否在上层对象属性中体现。
- 在问题空间中每个对象的属性是否定义完整。
- 定义的实例关联是否符合现实。
- 在问题空间中实例关联是否定义完整,特别需要注意一对多和多对多的实例关联。

5. 对定义的服务和消息关联的测试

定义的服务就是定义的每一种对象和结构在问题空间所要求的行为。由于问题空间中实例间必要的通信,在 OOA 中相应的需要定义消息关联。对定义的服务和消息关联的测试尽可以从如下方面进行。

- 对象和结构在问题空间的不同状态是否定义了相应的服务。
- 对象或结构所需要的服务是否都定义了相应的消息关联。
- 定义的消息关联所指引的服务是否正确。
- 沿着消息关联执行的线程是否合理,是否符合现实过程。
- 定义的服务是否重复,是否定义了能够得到的服务。

14.5.2　面向对象设计的测试

通常结构化的设计方法,用的是面向作业的设计方法,它把系统分解以后,提出一组作业,这些作业是以过程实现系统的基础构造,把问题域的分析转化为求解域的设计,分析的结果是设计阶段的输入。

面向对象设计(OOD)采用的是"造型的观点",以 OOA 为基础归纳出类,并建立类结构或进一步构造成类库,实现分析结果对问题空间的抽象。OOD 归纳的类,可以是对象简单的延续,可以是不同对象的相同或相似的服务。由此可见,OOD 不是在 OOA 上产生的另一思维方式,而是 OOA 的进一步细化和更高层的抽象,所以,OOD 与 OOA 的界限通常是难以严格区分的。OOD 确定类和类结构不仅是满足当前需求分析的要求,更重要的是通过重新组合或加以适当的补充,能方便实现功能的重用和扩增,以不断适应用户的要求。因此,对 OOD,本文建议针对功能的实现和重用以及对 OOA 结果的拓展,从如下 3 方面考虑。

1. 对认定的类的测试

OOD 认定的类可以是 OOA 中认定的对象,也可以是对象所需要的服务的抽象,对象所具有的属性的抽象。认定的类在原则上应该尽量具有基础性,这样才便于维护和重用。根据属性与实例的关联以及服务与消息的关联,测试认定的类具有如下特点。

- 是否涵盖了 OOA 中所有认定的对象。
- 是否能体现 OOA 中定义的属性。
- 是否能实现 OOA 中定义的服务。
- 是否对应着一个含义明确的数据抽象。
- 是否尽可能少地依赖其他类。
- 类中的方法(C++ 中为类的成员函数)是否用途单一。

2. 对构造的类层次结构的测试

为能充分发挥面向对象的继承共享特性,OOD 的类层次结构通常基于 OOA 中产生的分类结构的原则来组织,着重体现父类和子类间的一般性和特殊性。在当前的问题空间中,对类层次结构的主要要求是能在解空间中构造实现全部功能的结构框架。为此,测试分为如下方面。

- 类层次结构是否涵盖了所有定义的类。
- 是否能体现 OOA 中所定义的实例关联。
- 是否能实现 OOA 中所定义的消息关联。
- 子类是否具有父类没有的新特性。
- 子类间的共同特性是否完全在父类中得以体现。

3. 对类库支持的测试

对类库的支持虽然也属于类层次结构的组织问题,但其强调的重点是软件代码的再次重用。由于它并不直接影响当前软件的开发和功能实现,因此,将其单独提出来测试,也可作为对高质量类层次结构的评估。对类库支持的部分测试点如下。

- 一组子类中关于某种含义相同或基本相同的操作,是否有相同的接口(包括名字和参数表)。
- 类中方法(C++ 为类的成员函数)功能是否较单一,相应的代码行是否较少(建议超过 30 行)。
- 类的层次结构是否深度大、宽度小。

14.5.3　面向对象编程的测试

典型的面向对象程序具有继承、封装和多态的新特性,这使得传统的测试策略必须有所改变。封装是对数据的隐藏,外界只能通过被提供的操作来访问或修改数据,这样降低了数据被任意修改和读写的可能性,降低了传统程序中对数据非法操作的测试。继承是面向对象程序的重要特点,继承使得代码的重用率提高,同时也使错误传播的概率提高。继承使得传统测试遇见了这样一个难题:对继承的代码究竟应该怎样测试?多态使得面向对象程序对外呈现出强大的处理能力,但同时却使得程序内同一函数的行为复杂化,测试时不得不考虑不同类型具体执行的代码和产生的行为。

面向对象程序是把功能的实现分布在类中。能正确实现功能的类,通过消息传递来协同实现设计要求的功能。正是这种面向对象程序风格,将出现的错误能精确地确定在某一具体的类中。因此,在面向对象编程(OOP)阶段,忽略类功能实现的细则,将测试的目光集中在类功能的实现和相应的面向对象程序风格上,主要体现为如下两个方面(假设编程使用C++语言)。

1. 数据成员是否满足数据封装的要求

数据封装是数据和数据有关的操作的集合。检查数据成员是否满足数据封装的要求,基本原则是数据成员是否被外界(数据成员所属的类或子类以外的调用)直接调用。更直观地说,当改编数据成员的结构时,是否影响了类的对外接口,是否会导致相应外界必须改动。注意,有时强制的类型转换会破坏数据的封装特性。例如:

```
class Hiden
    {private:
    int a=1;
    char * p="hiden";}
class Visible
    {public:
    int b=2;
    char * s="visible";}
...
Hiden pp;
Visible * qq=(Visible *)&pp;
```

在上面的程序段中,pp 的数据成员可以通过 qq 被随意访问。

2. 类是否实现了要求的功能

类所实现的功能,都是通过类的成员函数执行。在测试类的功能实现时,应该首先保证类成员函数的正确性。单独地看待类的成员函数,与面向过程程序中的函数或过程没有本质的区别,几乎所有传统的单元测试中所使用的方法,都可以在面向对象的单元测试中使用。类函数成员的正确行为只是类能够实现要求的功能的基础,类成员函数间的作用和类之间的服务调用是单元测试无法确定的。因此,需要进行面向对象的集成测试。注意,测试类的功能,不能仅满足于代码能无错运行或被测试类能提供的功能无错,应该以所做的OOD 结果为依据,检测类提供的功能是否满足设计的要求,是否有缺陷。必要时(如通过OOD 仍然不明确的地方)还应该参照 OOA 的结果,并以其为最终标准。

14.5.4　面向对象的单元测试

传统的单元测试是针对程序的函数、过程或完成某一定功能的程序块,它沿用了单元测试的概念,实际测试的是类成员函数。一些传统的测试方法在面向对象的单元测试中都可以使用。如等价类划分法、因果图法、边值分析法、逻辑覆盖法、路径分析法、程序插装法等。单元测试一般建议由程序员完成。

用于单元级测试进行的测试分析(提出相应的测试要求)和测试用例(进行适当的输入以达到测试要求),规模与难度等均远小于对整个系统的测试分析和测试用例,而且强调对语句应该有 100％ 的执行代码覆盖率。在设计测试用例选择输入数据时,可以基于如下两个假设:

(1) 如果函数(程序)对某一类输入中的一个数据正确执行,对同类中的其他输入也能正确执行,则该假设的思想为等价类划分。

(2) 如果函数(程序)对某一复杂度的输入正确执行,则对更高复杂度的输入也能正确执行。例如,需要选择字符串作为输入时,基于本假设,可无须计较字符串的长度。除非字符串的长度要求的是固定的,如 IP 地址。

在面向对象程序中,类成员函数通常都很小且功能单一,函数间的调用频繁,容易出现一些不宜发现的错误。例如:

```
if (-1==write (fid, buffer, amount)) error_out();
```

该语句没有全面检查 write()函数的返回值,只有数据被完全写入和没有写入两种情况。当测试也忽略了数据部分写入的情况,就会给程序留下隐患。按程序的设计,使用strrchr()函数查找最后的匹配字符,但在程序中误写成 strchr()函数,使程序的功能在实现时查找的是第一个匹配字符。程序中将 if(strncmp(str1,str2,strlen(str1)))误写成 if(strncmp(str1,str2,strlen(str2))),如果测试用例中使用的数据 str1 和 str2 长度一样,则无法检测出错误。

因此,在做测试分析和设计测试用例时,应该注意面向对象程序的这个特点,仔细进行测试分析和设计测试用例,尤其是针对以函数返回值作为条件判断、字符串操作等情况。

面向对象编程的特性使得对成员函数的测试又不完全等同于传统的函数或过程测试。尤其是继承特性和多态特性,使子类继承或过载的父类成员函数出现了传统测试中从未遇见的问题。面向对象的单元测试需要从如下两方面来考虑。

1. 继承的成员函数是否都不需要测试

对父类中已经测试过的成员函数,两种情况需要在子类中重新测试:继承的成员函数在子类中做了改动;成员函数调用了改动过的成员函数的一部分。

假设父类 Bass 有两个成员函数 Inherited()和 Redefined(),子类 Derived 只对Redefined()做了改动。Derived::Redefined()显然需要重新测试。

对于 Derived::Inherited(),如果它有调用 Redefined()的语句(如:x = x/Redefined()),就需要重新测试,反之则无此必要。

2. 对父类的测试是否能照搬到子类

沿用上面的假设,Base::Redefined()和 Derived::Redefined()已经是不同的成员函数,

它们有不同的服务说明和执行效果。对此,照理应该对 Derived∷Redefined()重新测试分析,设计测试用例,但由于面向对象的继承使得两个函数十分相似,故只需在 Base∷Redefined()的测试要求和测试用例上添加对 Derived∷Redfined()新的测试要求和增补相应的测试用例。

Base∷Redefined()含有如下语句:

```
If (value<0) message ("less");
    Else if (value==0) message ("equal");
        Else message ("more");
```

Derived∷Redfined()中定义为:

```
If (value<0) message ("less");
    Else if (value==0) message ("It is equal");
        Else
        {  message ("more");
            If (value==88) message("luck");}
```

在原有的测试上,对 Derived∷Redfined()的测试只需做如下改动:将 value==0 的测试结果进行改动,并增加对 value==88 的测试。

多态有几种不同的形式,如参数多态、包含多态、过载多态。包含多态和过载多态在面向对象语言中通常体现在子类与父类的继承关系上,对这两种多态的测试参见上述对父类成员函数继承和过载的论述。包含多态虽然使成员函数的参数可有多种类型,但通常只是增加了测试的繁杂。对具有包含多态的成员函数测试时,只需要在原有的测试分析和基础上扩大测试用例中输入数据的类型的考虑。

14.5.5　面向对象的集成测试

传统的集成测试是由底向上通过集成完成的功能模块进行测试,一般可以在部分程序编译完成的情况下进行。而对于面向对象程序,相互调用的功能是散布在程序的不同类中,类通过消息的相互作用申请和提供服务。类的行为与它的状态密切相关,状态不仅仅体现在类的数据成员的值上,还包括其他类中的状态信息。由此可见,类相互依赖极其紧密,根本无法在编译不完全的程序上对类进行测试。所以,面向对象的集成测试通常需要在整个程序编译完成后进行。此外,面向对象程序具有动态特性,程序的控制流往往无法确定,因此也只能对整个编译后的程序做基于黑盒的集成测试。

面向对象的集成测试能够检测出相对独立的单元测试无法检测出的哪些类相互作用时才会产生的错误。基于单元测试对成员函数行为正确性的保证,集成测试只关注于系统的结构和内部的相互作用。面向对象的集成测试可以分成两步进行:先进行静态测试,再进行动态测试。

静态测试主要针对程序的结构进行,检测程序结构是否符合设计要求。现在流行的一些测试软件都能提供一种称为可逆性工程的功能,即通过原程序得到类关系图和函数功能调用关系图,例如,International Software Automation 公司的 Panorama-2 for Windows、Rational 公司的 Rose C++ Analyzer 等,将可逆性工程得到的结果与 OOD 的结果相比较,检测程序结构和实现上是否有缺陷。换句话说,通过这种方法检测 OOP 是否达到了设计要求。

动态测试设计测试用例时,通常需要上述的功能调用结构图、类关系图或者实体关系图作为参考,确定不需要被重复测试的部分,从而优化测试用例,减少测试工作量,使得进行的测试能够达到一定覆盖标准。测试所要达到的覆盖标准可以是:达到类所有的服务要求或服务提供的一定覆盖率;依据类间传递的消息,达到对所有执行线程的一定覆盖率;达到类的所有状态的一定覆盖率等。同时也可以考虑使用现有的一些测试工具来得到程序代码执行的覆盖率。

具体设计测试用例可参考下列步骤。

(1) 先选定检测的类,参考 OOD 的结果,仔细区分出类的状态和相应的行为,类或成员函数间传递的消息,输入或输出的界定等。

(2) 确定覆盖标准。

(3) 利用结构关系图确定待测类的所有关联。

(4) 根据程序中类的对象构造测试用例,确认使用什么输入激发类的状态,使用类的服务和期望产生什么行为等。

值得注意的是,设计测试用例时,不但要设计确认类功能满足的输入,还应该有意识地设计一些被禁止的例子,确认类是否有不合法的行为产生,如发送与类状态不相适应的消息,要求不相适应的服务等。根据具体情况,动态的集成测试有时也可以通过系统测试完成。

14.5.6　面向对象的系统测试

通过单元测试和集成测试,仅能保证软件开发的功能得以实现,但不能确认在实际运行时它是否满足用户的需要,是否大量存在实际使用条件下会被诱发产生错误的隐患。为此,对完成开发的软件必须经过规范的系统测试。换个角度来说,开发完成的软件仅仅是实际投入使用系统的一个组成部分,需要测试它与系统其他部分配套运行的表现,以保证在系统各部分协调工作的环境下也能正常工作。

系统测试应该尽量搭建与用户实际使用环境相同的测试平台,应该保证被测系统的完整性,对临时没有的系统设备部件也应有相应的模拟手段。系统测试时,应该参考 OOA 的结果,对应描述的对象、属性和各种服务,检测软件是否能够完全再现问题空间。系统测试不仅是检测软件的整体行为表现,从另一个侧面看,也是对软件开发设计的再确认。这里说的系统测试是对测试步骤的抽象描述。它体现的具体测试内容包括如下几个方面。

- 功能测试:测试是否满足开发要求,是否能够提供设计所描述的功能,用户的需求是否都得到满足。功能测试是系统测试最常用和必需的测试,通常还会以正式的软件说明书为测试标准。
- 强度测试:测试系统的能力最高实际限度,即软件在一些超负荷的情况下功能的实现情况。如要求软件某一行为的大量重复、输入大量的数据或大数值数据、对数据库大量复杂的查询等。
- 性能测试:测试软件的运行性能。这种测试常常与强度测试结合进行,需要事先对被测软件提出性能指标,如传输连接的最长时限、传输的错误率、计算的精度、记录的精度、响应的时限和恢复时限等。

- 安全测试：验证安装在系统内的保护机构确实能够对系统进行保护,使之不受各种干扰。安全测试时需要设计一些测试用例试图突破系统的安全保密措施,检验系统是否有安全保密的漏洞。
- 恢复测试：采用人工的干扰使软件出错,中断使用,检测系统的恢复能力,特别是通信系统。恢复测试时,应该参考性能测试的相关测试指标。
- 可用性测试：测试用户是否能够满意使用。具体体现为操作是否方便,用户界面是否友好等。
- 安装/卸载测试：测试安装或卸载软件时出现的问题。

14.6　面向对象测试工具 JUnit

JUnit 是一个开源的 Java 单元测试框架,在 1997 年由 Erich Gamma 和 Kent Beck 开发完成。单击 http://www.JUnit.org 可以下载到最新版本的 JUnit。

在系统中就可以使用 JUnit 编写单元测试代码。JUnit 设计得非常小巧,但功能却非常强大。

JUnit 的特性如下。

(1) 提供的 API 可以让用户写出测试结果明确的可重用单元测试用例。

(2) 提供了 3 种方式来显示测试结果,而且还可以扩展。

(3) 提供了单元测试用例成批运行的功能。

(4) 超轻量级,而且使用简单,没有商业性的欺骗和无用的向导。

(5) 整个框架设计良好,易扩展。

对不同性质的被测对象,如类、JSP、Servlet、EJB 等,JUnit 有不同的使用技巧。下面以类测试为例介绍 JUnit 的安装与配置。

首先配置好 JDK 的环境变量,然后打开 Eclipse,创建工程并使用 Junit 包。

操作步骤为：在 Eclipse 的菜单栏中选择 File→New→Project→Java Project 命令,在打开的对话框的 Libraries 选项卡中单击 Add Library 按钮,添加 Eclipse 自带的 JUnit 的 JAR 包,然后依次保存内容后,工程就创建成功了,这时可以看到刚刚选择的 JUnit 包已经添加上去,现在就可以在这个工程里创建测试用例了(见图 14-2～图 14-5)。

下面以一个只会做两数加、减的简单计算器的 Java 类为例说明。程序代码如下：

```java
public class SampleCalculator
{
    public int add(int augend, int addend)
        { return augend +addend; }
    public int subtration(int minuend, int subtrahend)
        { return minuend -  subtrahend;}
}
```

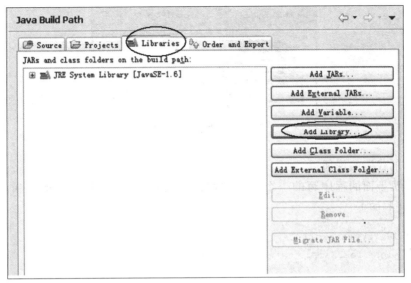

图 14-2　添加库

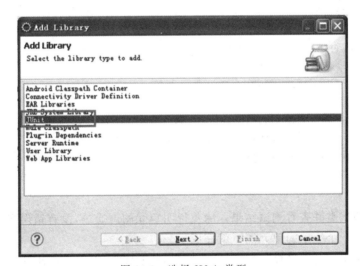

图 14-3　选择 JUnit 类型

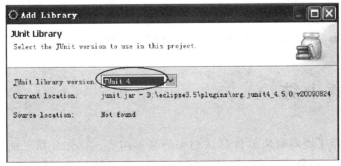

图 14-4　选择 JUnit 库的版本

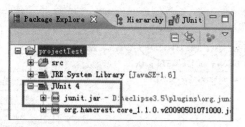

图 14-5　加载 JUnit 包

将上面的代码编译通过。

下面是为上面的程序写的一个单元测试用例(请注意这个程序中类名和方法名的特征)。程序代码如下:

```
import JUnit.framework.TestCase;
public class TestSample extends TestCase
{
    public void testAdd()
    {
        SampleCalculator calculator =new SampleCalculator();
        int result =calculator.add(50, 20);
        assertEquals(70, result);
    }
    public void testSubtration();
    {
        SampleCalculator calculator =new SampleCalculator();
        int result =calculator.subtration(50, 20);
        assertEquals(30, result);
    }
}
```

然后运行测试类并查看测试结果。绿色说明单元测试通过,没有错误产生;红色说明测试失败了。这样一个简单的单元测试就完成了。

按照框架规定:编写的所有测试类,必须继承自 JUnit.framework.TestCase 类。里面的测试方法,命名应该以 Test 开头,必须是 public void 类型而且不能有参数。为了测试及查错方便,尽量以一个 Test×××()方法针对一个功能单一的函数进行测试。可以使用 assertEquals 等 JUnit.framework.TestCase 中的断言方法来判断测试结果正确与否。

经过简单的类测试学习,大家就可以编写标准的类测试用例了。

14.7　本章小结

本章主要介绍了面向对象软件测试相关的基本内容。首先介绍了面向对象的基本特点;接着介绍了面向对象软件测试的基本概念以及与传统测试的区别;然后详细介绍了面向对象软件测试的基本内容;接着重点介绍了面向对象软件测试的测试模型,包括面向对象分析测试、面向对象设计的测试、面向对象编程的测试、面向对象单元测试、面向对象集成测试以及面向对象系统测试。OOA 测试和 OOD 测试是对分析结果和设计结果的测试,主要是对分析设计产生的文档进行测试,是软件开发前期的关键性测试。OOP 测试主要针对编程风格和程序代码的实现进行测试,主要的测试内容在面向对象单元测试和面向对象集成测试中体现。最后介绍了面向对象单元测试工具 JUnit。

14.8　练习题

1. 判断题

(1) 面向对象测试的对象是面向对象软件,它采用面向对象的概念和原则,用结构化的方法构建。　　　　　　　　　　　　　　　　　　　　　　　　　　　　　　　　(　　)

(2) 面向对象编程的特点有抽象、继承、封装和多态性。　　　　　　　　　(　　)

(3) JUnit 是面向对象的单元测试工具。　　　　　　　　　　　　　　　　(　　)

(4) 类是具有相同属性和相同行为的对象的集合。　　　　　　　　　　　(　　)

(5) 面向对象的集成测试能够检测出相对独立的单元测试无法检测出的那些类相互作用时才会产生的错误。　　　　　　　　　　　　　　　　　　　　　　　　　　　　(　　)

2. 选择题

(1) 软件测试分类按用例设计方法的角度分为(　　　　)。

　　A. 单元测试和集成测试　　　　　　　B. 静态测试和动态测试

　　B. 黑盒测试和白盒测试　　　　　　　D. 系统测试和验收测试

(2) 面向对象开发的特点应遵循的 3 项原则是(　　　　)。

　　A. 抽象原则　　　　B. 封装原则　　　　C. 继承原则　　　　D. 特殊原则

(3) 在面向对象编程(OOP)阶段,忽略类功能实现的细节,将测试集中在类功能的实现和相应的面向对象程序风格上,主要体现的两个方面是(假设编程使用 C++ 语言)(　　　　)。

　　A. 数据成员是否满足数据封装的要求　　B. 类是否实现了要求的功能

　　C. 封装是否满足了成员要求　　　　　　D. 功能是否实现

(4) 属于面向对象单元测试工具的是(　　　　)。

　　A. LoadRunner　　　　B. QTP　　　　　　C. QC　　　　　　　D. JUnit

(5) 面向对象开发模型包含的阶段有(　　　　)。

　　A. OOA　　　　　　B. OOD　　　　　　C. OOP　　　　　　D. AOP

3. 简答题

(1) 面向对象的测试模型是什么?它包括哪几个阶段?

(2) 面向对象的特点有哪些?

参 考 文 献

[1] 曲朝阳. 软件测试技术[M]. 北京：水利水电出版社，2006.

[2] Myers J，Tom Badgett，Corey Sandler. 软件测试的艺术（原书）[M]. 3 版. 北京：机械工业出版社，2012.

[3] 陈能技，黄志国. 软件测试技术大全[M]. 北京：人民邮电出版社，2015.

[4] 佟伟光. 软件测试[M]. 2 版. 北京：人民邮电出版社，2015.

[5] 克里斯平，格雷戈里，等. 敏捷软件测试[M]. 孙伟峰，崔康，译. 北京：清华大学出版社，2010.

[6] 李晓鹏，赵书良，魏娜娣. 软件功能测试——基于 QuickTest Professional 应用[M]. 北京：清华大学出版社，2012.

[7] 简显锐，杨焰，胥林. 软件测试项目实战之功能测试篇[M]. 北京：人民邮电出版社，2016.

[8] 于学军，罗毅，杨莹莹. 软件功能测试及工具应用[M]. 北京：清华大学出版社，2014.

[9] 朱少民. 软件测试[M]. 2 版. 北京：清华大学出版社，2016.

[10] 魏娜娣，李文斌，裴军霞. 软件性能测试——基于 LoadRunner 应用[M]. 北京：清华大学出版社，2012.

[11] 赵国亮，叶东升，董丽，等. 嵌入式软件测试与实践[M]. 北京：清华大学出版社，2018.

[12] 赵强. 大话软件测试——性能、性能、自动化及团队管理[M]. 北京：清华大学出版社，2018.